マンブル、ぼくの肩が好きなフクロウ

マーティン・ウィンドロウ 著
宇丹貴代実 訳

The Owl Who Liked Sitting On Caesar

Martin Windrow

河出書房新社

マンブル、ぼくの肩が好きなフクロウ――目　次

著者からのお願い　7
はじめに　9
第1章　フクロウと出会い、別れ、そして真《まこと》のフクロウと出会う　13
第2章　フクロウたち――ちょっとした科学的講釈と民間伝承　45
第3章　七階の隠れ家　63
第4章　モリフクロウの私生活　95
第5章　誇り高きマンブル　117

第6章 取り扱いマニュアル 147
第7章 マンブルの一日 173
第8章 マンブルの一年 201
第9章 本物の樹木と放し飼いのネズミ 229
第10章 別れ 251
謝辞 262
訳者あとがき 263
参考文献、ウェブサイト 267

マンブル、ぼくの肩が好きなフクロウ

著者からのお願い

イギリスにおいて、猛禽類は、卵や幼鳥も含めたすべてが法により完全に保護されている。もし、春に〝迷い子〟とおぼしきフクロウの雛を見つけた場合、けっしてそれを〝救出〟して自宅に連れ帰らないようにしてほしい。例外はただひとつ、明らかに危険な状態にあるとき、たとえば地面に落ちていて、イヌなどの捕食動物にやられそうなときだけだ。その場合も、両手を碗状にしてそっと掬いあげ、安全な枝の上に乗せて放っておくこと。そうすれば、親鳥が見つけてくれるか（たいていの場合、親鳥はさほど遠くない場所にいる）、自力で巣に這い戻ることができる。手で触った結果、〝人間の匂いがついて穢された〟雛が親鳥に捨てられるというのは、根拠薄弱な俗説にすぎない。従来、フクロウには臭覚がほとんどないと言われている。それが事実であろうがなかろうが、迷い出た雛鳥がだいたい二四時間以内に見つかれば、親は餌やりを続行する。

フクロウの雛が明らかに怪我をしている場合にかぎって、自宅に連れ帰ることを検討しよう。そのさいは必ず、適任者――獣医師、王立愛鳥協会または王立動物虐待防止協会の職員、とくに望ましいのは鳥類保護センターの専門家――にすみやかに連絡すること。手ごろな大きさの箱に雛を収めて、上部は開放しておこう。

適任者に引き渡す前に餌やりの必要があるときは、けっしてパンと牛乳を与えてはならない。死を招くからだ。フクロウは完全な肉食動物であり、その消化機能は獲物動物のあらゆる部位を有効利用するようにできている。フクロウの雛に給餌せざるをえない場合、牛の挽肉（繰り返すが、牛肉だ。どの肉でもいいわけではない）を、できれば卵黄に浸し、先端を丸めたマッチ棒状のものを用いて、口のなかに入れてやること。食物繊維を補う必要があるので、短期的な解決法としては、羽毛（当然ながら、自然素材で、染色など化学的な処理がいっさい施されていないもの）を少しばかり混ぜるといい。だが、フクロウに必要な餌ははるかに複雑だ。猛禽類の扱いに長けた人の力添えを請い、現状に即した助言を得よう――それも、すみやかに〔日本でも事情は同様であり、誤認保護をしないよう気をつけて、どうしても保護が必要な場合は、都道府県の鳥獣保護担当部署に相談すること。公益財団法人日本鳥類保護連盟のサイト http://www.jspb.org/ を参照〕。

はじめに

一九八一年四月

フクロウが右肩に乗った状態でひげ剃りをするのは、けっこうむずかしい。

右の喉元に剃刀をあてていると、刃先を上に持ってくるたびに、マンブルが嘴で柄の部分にすばやい一撃を食らわす。どうやら何度がっかりさせられても好奇心が薄れないらしく、ぼくが左側に取りかかった隙に、右の首筋をつついてひげ剃り石鹸の泡を掬いとる。だが、好みの味ではないようだ。下嘴を二、三回開いてオエッとえずくしぐさを見せたあと、小さなくしゃみをして（くしゅん！）、結局は泡の大半を嘴周辺の羽毛に飛び散らせてしまう。なのに、ときどき洗面台の縁に飛びおりて、好奇心むき出しで羽毛を逆立てながら、水面に浮いた泡の塊をじっと眺めている。そんなとき、ぼくの裸の腹部に当たる羽毛の感触はじつに気持ちよく、ビロードみたいにやわらかくて温かい。

左側を剃りおえたあとは、首のうしろを回って左肩へ移るようにうながすが、マンブルはとことん右肩派のフクロウで、しかも――ぼくと同じく――一日のこの時間にはどんな目新しいこともごめんという性分だ。ふたりともあくまで機械的に動いているし、朝が弱いという短所はふたりの絆でもある。

ひげ剃り用の鏡には、ふた組の目――ひと組は充血した青い目、もうひと組はビー玉を思わせる黒い目

――が、濡れたむさ苦しい髪や石鹸や羽毛と並んで映っている。いずれの目も、朝独特のどんよりした無気力な表情で、なんとなく、きょう一日に対するかすかな不安がうかがえる。ぼくの場合は、たとえばセロファン窓がついた不吉な茶封筒が舞いこむことだし、マンブルのほうは、次《じ》列風切羽《れつかざきりばね》が取れかかってわずらわしい思いをするかもしれない。なのに、このうえ左肩に移ってひげ剃りを楽にさせる、などという行き過ぎた配慮を求めるなんて、ぼくはいったい何様なのだろう？　ぼくたちはうまくやっている。実のところ、とてもうまくやっているので、最初の出会いから三年のあいだに少しずつ風変わりな日課を確立してきたことに、ふだんは気づきもしない。

二〇一三年八月

　当時、マンブルがすっかり生活の一部になっていたせいで、自分たちの関係の奇妙さを意識することはめったになく、他人の驚いた表情を見てようやくはっと気づかされるありさまだった。あらたに知りあった人々は、会話の相手がサウスロンドンの高層マンション七階でモリフクロウと同棲している書籍編集者だと知ると、さりげなくあとずさった。好んで変わり種と近づきになる人たちは喜んだ――なかには、その後何年間もクリスマスや誕生日にフクロウ絡みのグリーティングカードを送ってくれる人もいた（最初はなんとなく心温まったが、長期にわたるとちょっぴりうんざりさせられた）。とはいえ、常識的な思考の持ち主は、実際的な問題についてあれこれ質問を投げかけてきた――ときには、かなりきびしい口調で。こちらはできるだけ根気よく答えたが、「なるほど、だけど……なぜ？」という単刀直入な質問には、手短に答えるのがむずかしかった。いちばんの答えは、「まあ、いいじゃないですか」と、あっさりいなすことだ。

思い出すたびに恥ずかしくなるが、一時期、ちょっと気取って次のような厭味な説明をしていたことがある。「いいですか――ぼくたちは二年間一緒に暮らしているんですよ。かかる費用は、全部ひっくるめても年に二〇ポンドほど。とてもかわいくて、楽しい子なんです。愛情深いけど、しつこくしないし、とてもいい匂いがする。どんなに帰宅が遅くなっても気にせず、朝食時に話しかけてもこず、休日にどっちが新聞のどの面を手にするかで言い争うこともない」。この熱弁が人間の女性に対する自分の見解を示唆していると気づいてからは、ぼくはすみやかに会話のレパートリーからはずした。

実際にマンブルに会わせてしまえば、ほぼ必ず、説明なしに納得してもらえた。相手がどんな先入観を抱いていようと、モリフクロウをはじめて間近で目にしたら、たちまちぱっと顔を輝かせて表情をやわらげる。最初の一年あまり、まだガラスや金網越しでなくともマンブルを他人に会わせることができたころ、たいていの人は驚きの叫び声（「わあ！……なんてかわいいんだ！」とかなんとか）のあと――ぼくがあらかじめ注意しておかないかぎり――とっさに手を伸ばしてなでようとした。

だが、ちょっぴり悲しいのは、数年後に同じ人に会ったとき、まず「ああ、そうそう、覚えてますよ――フクロウの人ですね！」と言われてしまうこと。そしてぼくは、これよりはるかにひどい理由で人々に記憶される場合もあるのだから、と自分を慰めるのだ。

フクロウと暮らす喜びを綴っていながら、冒頭の「著者からのお願い」で〝フクロウの迷子を救う〟誘惑に負けるなときびしく戒めているのは偽善的だと責められるかもしれないが、弁明させてもらうなら、マンブルは野生の環境から連れてきたのではない。飼育下で孵化し、人の手で育てられ、同じ種とはまったくかかわらずにいた。森で暮らす場合よりも、はるかに餌に恵まれて危険が少ない人生を長々と享受することができた。当初はぼくも、〝大空の自由〟を経験させてやれないことにときおり良心の呵責を覚えたが、ことモリフクロウに関してはこの側面は人間の感傷でしかなく、自然の摂理とは言いがたい。モリフクロウはヒバリやハヤブサとはちがう。家が大好きな、いわば羽の生えたネコなのだ。何度か機会があったにもかかわらず、マンブルは自由な大空を探検することに関心を示さなかった（だが最終的に、おそらくこの感傷的な思いこみに囚われただれかが、マンブルに永遠の死をもたらすことになる）。

マンブルの死後さまざまな感情に襲われたせいで、ときおり家族からせがまれても、ともに過ごした一五年間の記録や写真を掘り起こして本の形にする気には、なかなかなれなかった。ところが、あるとき、一九九〇年代なかばに封印したはずのノートをまた読みはじめたら、長いあいだ押しこめていた感情が次々によみがえってきた――そして、自分でもそれがうれしかった。

思い出をたどって生まれた本書の文章について、ひとつお断りしておきたい。本書中の〝日記〟形式の記述は、必ずしも当時の文章を一字一句書き写したものではないが、多くの場合、当初からかなり詳しく記録していた。もちろん、意識せずに編集、削除した箇所もあるが、どの記述もすべて、個々のできごとの直後に書き留めた記録や考えを忠実に再現したものだ。

なぜ、三〇代になってはじめてペットを飼おうと思い立ったのか――それも、鳥類学にまったく関心がなかったのに、よりによってフクロウにしたのか――は、いまもよくわからない。この〝なぜ〟が謎のままなら、〝どうやって〟という過程の説明もこれまた一筋縄にはいかない。

実のところ、マンブルはぼくが飼った最初のフクロウではない。そしてマンブルがぼくにとって〝フクロウ中のフクロウ〟になったとはいえ、うまく関係を築けなかったフクロウの存在を記録から消し去っては不誠実になるだろう。ほかの事例でもたいていそうだが、ぼくは失敗から多くを学んだ。

第1章　フクロウと出会い、別れ、そして真《まこと》のフクロウと出会う

この五〇年あまりに生じた多くのできごとがそうだったように、ことの始まりは、兄のディックだった。

一九七〇年代なかばに兄は長年の野望を成就し、ケント州の田園地方に引っ越して、可能なかぎり古い家屋を入手した。週末ごとに複数の趣味に興じられる広々とした家だ（趣味の一覧は長い年月にどんどん膨らんで、自動車のラリー競技、軍用車両の修繕、航空考古学、銃猟やタカ狩りにまでおよび、さらにはブルースギターなど、精密さが必要で手の大きい男には骨が折れる娯楽もいくつか含まれていた）。兄の妻のアヴリルはじつに辛抱強い女性で、幅広い実用技術に（細かい針仕事や銀細工から庭仕事や家畜の世話、はてはコンクリートの混合、家屋の修繕や装飾にいたるまで）長けており、兄たちが住む〈ウォーターファーム〉はほどなく、なんとも魅力的でおもしろい場所となった（ここだけの話、前の住人はヤギだったのだが）。なんらかの日用品やサービスについて話すと、ディックはほぼ必ず、あのちょっぴり鼻のつぶれた人のいい顔に思惑ありげな表情を浮かべてこう告げる。「ああ、そいつはすごく興味深いな――じつは、たまたま、知り合いの人間がね……」（それに続くことばは、たとえば、軍余剰物資のタンク機関車を提供できるとか、羊皮紙を補修できる、映画のスタントを演じられる、野生鳥獣飼育地がどの週末に開放されるか知っている、爆発物を扱える、イノシシを繁殖させられる、オランダ語を話せる、ガラス繊維でさまざまな物をこしらえられる、なんであれやっかいな事務手続きを経ずに必要な物を手に入れられる、などなど……）。

当時、ぼくはサウスロンドンのクロイドンにある高層マンションに住み、コベントガーデンの出版社に毎日かよって、軍事史書籍担当の委嘱編集者として働いていた。毎年クリスマスには一族全員がウォーターファームで過ごしていたし、住居も職場も汚いコンクリートとディーゼルガスに囲まれていたことから、ぼくはディックとアヴリルの手放しの歓待に甘え、夏の週末をよくこのケントの田舎で過ごしていた。ふたりは長年のあいだに、さまざまな動物を飼った。多種多様なネコ（うち一匹は小癪にも、ぼくよりウサギ狩りがうまかった）、ハト、ニワトリ、アヒル、ガチョウ、シチメンチョウ、ヒツジがそれぞれ複数、ヤギとロバが一頭ずつ、デキスター種とアンガス種をかけあわせたウシ、甥のスティーヴン所有のみごとなフェレット、さらに一時はアライグマまでも（完全な成獣で、みなさんが考えるよりもはるかに大きく力が強い）。ぼくはさほど動物好きではなかったが、この風変わりな一群はまちがいなく、広々とした穏やかな空間ときれいな空気とアヴリルのとびきりうまい料理とともに大きな魅力になっていた。

ウォーターファームに引っ越す前からタカ狩りに関心を抱いていたディックは、例によってこの世界でも友人を作り、最初のタカを入手した。すらりとした美しいラナーハヤブサで、名前はチンギス・ハンの幼名にちなんでテムジンとつけた。農場を購入後、兄は檻と飛翔空間（タカたちの住居と、内部を飛びまわれるほど巨大な飼育場）をこしらえ、やがて知識と知人の輪と技量が増えるにつれて、この空間をさまざまな猛禽が占めることとなった——チョウゲンボウ、ノスリ、オオタカ、さらには趾瘤症《しりゅうしょう》と呼ばれる（ぼくにはよくわからない）病を患ったソウゲンワシまでも。

この愛すべき鳥たちの世話や訓練のようすを見ていると、ぼくはいやでも好奇心をそそられた。グローブをはめて野原や小道を連れ歩くことを許されたときは、たちまち中世の魔力に魅入られた。このときの感情を説明するのはむずかしい。当然ながら、虚栄心は覚えた。男ならだれでも、小道の向こうから歩いてきた人に感銘のまなざしを注がれたら悦に入って、いかにも王族っぽい態度で平然とタカの胸をなでてみせることだろう。だが、覚えたのは自尊心だけではない。生き物とこのような関係を結んだのははじめてで、胸のうちにさまざまな異なる感情が芽生えた。たぶん、奥深くに潜んでいたごく古い場所から湧き出して、気づかないうちにゆっくりと体内に浸透したのだろう、いつしかぼくは、自分もこの生き物となんらかの継続的な関係を結びたいと願うようになっていた。

サウスロンドンの高層マンションでタカを飼うという考えは、いかにもばかげているが、この夢想はしつこくつきまとった。とるべき道を図らずも示してくれたのは、義理の姉だ。アヴリルはいずれ自分の鳥を持ちたいと考えていたが、その鳥は、男の子ふたりの母親としてあくせく動きまわる日常になじめる種類でなくてはならない。奇妙なあだ名の男たちにディックがせっせと電話をかけた結果、アヴリルのキッチンに〝ウォル〟が居を構え、高い食器棚の上の止まり木で一日の大半を過ごすようになった。アヴリルのキッチンは、訪ねてきた人たちを温かく迎える安息の地だったが、そこにモリフクロウが加わったことでさらに魅力が増した（身動きひとつしないせいで、ウォルはいつも剝製と見まちがわれ、まばたきをしてようやく正体をさらした暁には、訪問客がコーヒーをこぼすか、頰ばったケーキを喉に詰まらせるはめになった）。

ひと目見た瞬間から、ぼくはウォルに心惹かれ、フクロウが――それなりに若いうちに飼えば――ヒステリックな反応を示さずに人馴れするらしいことが判明すると、自分の鳥を手に入れるという執拗な欲求への抵抗がいっそう弱まった。

一九七六年の初夏、ぼくは友人のロジャーとウォーターファームの客用寝室に泊まりこみ、もよりの飛行場で短期のパラシュート降下講習を受けていた。

いまでこそ、スポーツでパラシュート降下を始めたばかりの人間でも、比較的軽いパラシュートパックやマットレスの形をした傘体や高感度制御といった最新式装備の力を借りてほぼ毎回立ったまま着地できるが、当時はそれが可能になるはるか前だった。ロジャーとぼくが学んだ五接地回転法は、第二次世界大戦で用いられた年代物のアーヴィン社製パラシュートとX型ハーネスには必須の技術で、パラシュートパックはじゃがいも袋もかくやという重さだったし、着地時にはネコ並みのしなやかさを発揮する必要があった。

はじめての降下では、恐怖と歓喜に等しく見舞われた。まずは唾棄すべきチビリそうなまでの恐怖を覚えたが、小型セスナのエンジン音が止まるとやむなく外に這い出し、翼支柱と着陸装置のあいだでバランスをとって、吹きつける風の音にめげず降下指揮官の注意事項を聞き取ろうとした。それから傘体がぱっと開き、きつく締められたハーネスが神の手よろしくぼくを支えた瞬間、ケント州が足のあいだから笑顔で見あげていて――まったき歓喜にどっと襲われ、着地に成功してなんとか立ちあがったとき、その歓喜はいっそう増した。

とはいえ、結果的に忘れられない経験となったのは、三回めの降下だ。学生時代にスポーツ選手からよく聞かされていたように、どういうわけか筋肉運動の協調を失っていたらしく、最後の恍惚感にさらわれたあとで華々しく回転法を誤ってしまった。背中から先に着地し、当然の報いとして、パラシュート降下に典型的な（そして猛烈に痛い）怪我を負ったのだ。すなわち、腰椎の圧迫骨折。貧乏くじを引いた哀れなロジャーは、まだ降下地域の一〇〇メートルあまり上空にいて、激しくのたうつ友の姿に気を取られながら着地体勢をとるはめになった。その後の三〇分間で最も印象に残ったのは、心配そうに見おろす顔の輪のなかにいた、まだ降下経験がない若き陸軍士官候補生だ。彼は口に煙草をくわえると、うわの空で制服のポケットを叩いて、同僚に何やらつぶやき――その同僚が厳粛なまなざしをぼくから離さず首を振ったあとで――かがみこんでぼくに尋ねた。ねえ、きみ、マッチを持っていないか、と。背中の痛みで頭がいっぱいだったせいで、ぼくは彼の求めに応じることができなかった。

一九七六年の六月、イギリス南部は二〇年に一度の熱波に襲われてうだるように暑く、ぼくは病院のベッドに押しこめられてだらだら汗をかきながら、ぴくりとも体を動かせずにいた。しかもそのベッドは、平屋病棟の低い天井に設けられた大きな天窓の真下にあった。ぎらぎらした陽光にアパッチ族の犠牲者よろしく焼かれ、文字どおり胸の悪くなる病人食に苦しめられつつも、にこやかに鎮痛剤《ペチジン》を注射してくれるベテランの夜勤看護師と兄のディックのおかげでなんとかしのいでいた――兄は律儀にも毎夕仕事帰りに、おいしいサンドイッチを持参してくれた。一週間後、汗ばんだキャンバス布と金属製の副木に拘束されて、ぼくはフランケンシュタインばりの動きでそろそろと兄の車に乗りこみ、ウォーターファームに運ばれて回復期を過ごすこととなった。

当然ながら、その後数週間は、本を手にして日陰の毛布に寝そべるか、よろよろ歩きまわって体の動きが回復するのを待たざるをえなかった。これまで以上にディックの鳥たちを眺める時間が増え、彼らへの関心がいっそう高まった。いかに本好きでも一日じゅう読んで過ごすことはできず、鳥たちが格好の気晴らしになったのだ。ひたすらじっと眺め、一日数回かなりの時間を共有するにつれて、いままでのような断片的な観察の寄せ集めではなく、彼らの生活のリズムがなんとなくつかめるようになった。羽《は》づくろいのようすを注視したおかげで、細かい体の構造に目が行き、個々の性格もわかりだした。居住空間、食べ物、日課、医療面や感情面から必要とされる事項、その他予期される要件など、ぼくは兄に根掘り葉掘り尋ねたが、その一部はどう考えてもばかばかしい質問だったはずだ。

自宅に戻ってからも、こうした質疑は電話で断続的に続いた。もし、たびたび疑念を示したときにディックが相槌を打っていたなら、ぼくはおそらくこの計画を断念していただろう。だが、兄はどんなにばかげた夢であれ、はじめからかなわぬものと決めてかかる人間ではなかった。やがて自分の疑念への反論が出尽くすと、ぼくは深呼吸して、だれか〝知り合いの人間〟に電話をかけてくれないかとディックに告げた。そのさい、たぶん心のどこかで、フクロウを飼う試みが惨事を招くのなら小型のフクロウにしておけば小さな惨事ですむと考えたのだろう、ぼくはコキンメフクロウを見つけてほしいと依頼した。

そして一九七七年の秋、体長一五センチ、重さ一一〇グラムあまりの怒れる羽毛の塊が、ウエスト・クロイドンの巨大なコンクリート製マンション七階に同居するようになった。いかにもタカっぽい容姿と、突き出した眉、らんらんと燃える黄色い瞳から、必然的に名前は〝ウェリントン〟に決まった。悲しいかな、彼はこの〝鉄の公爵〟のかたくなまでの意志の固さも受け継いでいた。

体長がツグミとほぼ同じのコキンメフクロウ（学名 *Athene noctua*）は、イギリスに生息するフクロウのうち最小で、到来した時期が最も遅い。十九世紀後半に、ネズミや害虫を襲うとの評判に惹かれた地主たちがヨーロッパ大陸から持ちこんだ。一部のヨーロッパの国では、農家が積極的に繁殖させ、また法によって保護されてもいる。興味深いことに、最初にこの能力を活用したイギリス人はネルソン提督だと言われている。地中海での任務中、提督は北アフリカからコキンメフクロウを一〇〇羽入手し、配下の船に一羽ずつ配った。フクロウたちは将校の食卓に常駐し、船用保存食のビスケットからゾウリムシを残らず取りのぞいていたという（この話が事実かどうか定かではないが、個人的には信じたい。ネルソン配下の船乗りたちがフクロウを煽りたて、獲物を何匹捕まえるか賭けをするさまが目に浮かぶようだ）。

現在、イギリス国内に生息するつがいの数は――この手の数値はいつも嘆かわしいほど不正確だが――推定でおよそ五〇〇〇組ないし一万二〇〇〇組。ここ数十年間にかなり減少し、いまやコキンメフクロウは絶滅危惧リストに〝中程度の懸念がある種〟として載っている。国内のフクロウとしては最も夜行性が低く、狩りこそ日没後に行なうものの、日中も活発に動きまわる。羽衣《うい》は濃い茶と白のまだら模様で、大型の種よりも輪郭が流線形に近く、頭頂部が平べったく見える。森林地帯や農地の雑木林に生息する。森林地帯の鳥特有の幅広で丸っこい翼を持ち、尾はごく短い。ヨーロッパでは、森林地帯に生息する。イギリスの低地でも、車で走っているときに、塀の支柱にちょこんとうずくまって開けた野原や生け垣をじっと見張っている姿をたまに見かける。時期によっては、鋤の動きを追って虫をついばむさまも目にする。

ぼくは多くの過ちを犯したが、そもそもフクロウのなかでもこの種を求めたことが大きな過ちだった。さらにまずかったのは、迎えたフクロウがすでに孵化後六カ月に達しており、それまでの期間をほかの鳥たちとともに巨大な禽舎で過ごしていたことだ。野生生物を飼い馴らすにあたって基本中の基本は、〝できるかぎり早い時期――母親から安全に引き離せる最も早い時期――に同種の生物から遠ざけて、調教師の手で育てるべし〟。気遣いと思いやりを示せば、潜在していた社会的な感情が引き出され、調教師にそれを投影するようになるかもしれない。広く言われていることだが、イヌをはじめ本質的に社会的な動物の場合、訓練によって簡単に、人間の主《あるじ》を群れのボスと認識させられる。かたや単独で生活する鳥――フクロウなどの猛禽類――には、そうした本能的な心の結びつきはない。したがって、卵を巣から採取して孵化器で孵し、雛が殻から出たときにまず人間を目にして餌も人間からもらうようにすることが肝心だ。

そうすれば、鳥はこの人物に〝刷りこみ〟され、強い絆を結んで、野生の世界に戻ることが不可能になる……と、よく言われるが、これはかなり誇張された表現だ。孵化後数週間、ひとりの調教師の手で育てられた雛鳥であっても、親愛の情をほかの人間にあっさりと移せる。人間の手で育てられた迷い雛も、段階的な過程を経れば、うまく野生に戻せることが多い。あるいは、ほかの鳥が暮らす禽舎に慎重に移せば、いずれは同種の仲間になじむ。ところが、性格を形成する孵化後数週間をほかの鳥とともに過ごし、人間に接する機会を与えられなかったら、飼い馴らすのはほぼ不可能だ、と一般に言われる。ウェリントンもこの事例に相当した。ゆえに、この鳥を馴らす——手で触れるようにする——試みは、おそらく最初から失敗するよう運命づけられていた。

ウェリントンは神経質な荒鳥で、手で触られることに慣れておらず、自宅に連れ帰るまで、ハヤブサと同じく〝足緒〟をつけないと手に負えない状態だった。

足緒とは薄く細長い革のことで、タカ匠はそれを鳥の足首に巻きつけて自分の拳に止まらせる。革の端は金属製の小さな回転環につながっている（タカの場合、一対の小さな真鍮の鈴もつけてある）。ときには、その回転環に革ひも——鳥のほうの端に停止用の結び目を作った一メートルほどのひも——を通し、止まり木か、外気に慣らすために戸外に設置した台の回転環につなぐことがある。鳥は動きまわる空間を確保できるし、革ひもに絡まる恐れもない（少なくとも、理論上は。実際には、この安全設計をやすやすと骨抜きにする鳥もいる）。

飼い馴らされていない鳥に足緒をつける作業は、どうがんばっても、ふたり分の人手を要する——ウェリントンの場合、ひとりは専門家で、ひとりは危ういまでの初心者だった。まずは檻から出し、動きを封じて仰向けに寝かせる。両脚は上に伸ばし、翼は慎重ながらもしっかりと両脇につけるようにする。まんいち翼を広げてばたつかせだしたら、人間は苦戦を強いられてしまう。このとき、やわらかい布で鳥をくるむ人もいれば、素手でも臆することなく適切に対処できる人もいる。当然のように、ぼくは強く押さえすぎることを恐れた——少しでも鳥の胸部を圧迫したら死を招きかねないからだ——が、これほど小さな鳥がいかに力強く体をくねらせて抵抗するかを知って、愕然とした。

しかるべく扱えば、鳥は安全かつ不快感なく横たわるものの、威厳を傷つけられた憤怒の塊と化す。個人的には、この時点でいつもばつの悪さを覚えて申し訳なく感じるが、このかすかな道徳的劣等感は、蹴りを一発入れられるやたちまち雲散する。猛禽類はごく小さな種ですら驚くほど強力な爪を持ち、それがうっかり触れると怪我をする。ディックに教わった秘訣は、敵意むき出しの鳥に鉛筆を差し出してつかませる、というものだ。鉛筆が足先に触れたとたん、獰猛な爪がぎゅっと巻きつき、人間が足緒を装着するあいだ必死にしがみついて放さない（こうやって苦労してつけた足緒も、必然的に糞尿や食べこぼしにまみれ、しばしば鳥に漫然と噛まれるせいで、じきに擦り切れてぼろぼろになり、結果として、まっさらの足緒を装着する苦行をほぼ定期的に繰り返さざるをえない。いかに鳥が人馴れしてくつろいだようすに見えても、この作業中にうっかり集中力をゆるめると、容赦ない反撃を食らうことがある）。

運命の日曜日、ぼくはディックが貸してくれたかなり大ぶりな鳥かごにウェリントンを入れて車の助手席に乗せた。地下の駐車場からマンションの建物内に運び入れ、自宅の階までエレベーターで連れていく数分間は、神経のすり減る思いだった——冷静なときに今回の計画に疑念を抱いた大きな理由として、このマンションではいかなるペットも禁止されている事実があるのだ。管理人はヨークシャー生まれの融通が利かない男で締めつけがきびしく、ぼくが以前、当時の仕事仲間と同居していたときにひとつふたつ小さな事件を起こしたせいで、わが四〇号室にあからさまな偏見の目を注いでいた（言い訳めいているが、ロイとぼくはめったにパーティを催さなかった――が、ひとたび催すとなれば、招待客をぞんぶんに楽しませることを誇りにしていた)。

幸いにも、その夜は、エレベーターの停止ボタンが点灯することなく管理人のフロアを通過した。ぶじに室内に入ると、鳥かごをリビングのテーブルに載せた。もっと広々とした空間を造るまで、ウェリントンはこの鳥かごで暮らす予定だ。衛生上の理由から、藁と新聞紙をかごに敷き詰め、割った薪を止まり木として与えた。鳥かごは前面に金網を張った巨大な木箱で、屋根と壁で安心感を保ちつつ視界がじゅうぶん保てる造りになっている。理にかなった形状だ。というのも、野生下でコキンメフクロウが巣を作るのは、木の穴や、農家の建物の片隅、さらには主《あるじ》がいなくなったウサギ穴なのだから。

最初の数日は、夜に仕事から帰ってくると、金網の向こうの暗がりでらんらんと燃えるウェリントンの反抗的な黄色い目に迎えられた。自分の夕食をすませたあとで、ぼくは冷蔵庫から彼の食糧を取り出し、〝人に馴らす〟試みに取りかかる。野生下での食事はもっぱら昆虫で、ウェリントンはガガンボ、ハサミムシ、甲虫類、ガ、イモムシ、ナメクジやカタツムリ、さらには小型の齧歯《げっし》動物も喜んで食していただろう。だが、飼育下で成長したことから、そうした環境において一般的な猛禽類の食事に慣れていた。孵化後一日めの死んだヒヨコだ――まだ体腔に卵黄を残したままなので、手軽な栄養パックと言える。養鶏農家は役立たずの雄の雛をつねに大量に抱えており、それらを冷凍してタカ匠に売ればいくらか金になることを知っている。ぼくが電話帳をめくって定期的な購入元を見つけるまでウェリントンがしのげるようにと、ディックが二ダースほど提供してくれた。

野生動物を飼い馴らす秘訣に、常識と思いやりを越えるものはないと言っていい。彼らが恐怖心をなくすまで、やさしく何度も繰り返し接すること。そして、つねに穏やかで辛抱強い対応を心がける。まんいち恐れや怒りを見せたら、数日分の努力が水の泡になりかねない。当然ながら、この傾向はとくに、群れの動物よりも群れない単独行動の動物に強く見られる。仔イヌは〝矯正〟という概念を理解する頭脳メカニズムを持ち、従順な態度を示すが、狩りを行なう鳥は、唐突な動きをすべて純然たる攻撃とみなす。

彼らに人間の存在を許容させるには、空腹を利用するほかない。最初のうちは、空腹が、なんらかの交流を生じるための唯一の手段となる。ここで言う〝空腹〟とは、食欲がある状態だ――だんじて、飢餓状態ではない。飢えさせることは、残酷なばかりか、どう考えても逆効果になる。こちらは穏やかなムードを作ろうとしているのに、飢えた動物が穏やかなわけがないのだから。猛禽類は大量の〝燃料〟を消費するので、定期的に餌を摂る必要があり、ひいては日々の食事の分量や時間を定めれば、ある種の日課をすばやく確立することができる（ここで強調しておきたいのは、いま話しているのはペットとして飼い馴らす場合であり、狩りの訓練についてではないことだ。後者は、はるかに複雑な過程になる。本格的なタカの訓練にはごく慎重な給餌と定期的な体重測定が必要で、健康だがつねに〝空腹を覚えている状態〟に保ち、強靭さも狩りへの熱意も失わないように餌の分量を計算しなくてはならない）。

ウェリントンに対してぼくが望んだのは、最低限の〝馴れ〟だ。彼には、自分の意志でぼくのところへ来てほしかった。最初は食べ物が目当てでも、できることなら、ただ呼ぶか口笛を吹くかすれば来てくれる状態。そして好戦的な警戒心をなくし、一緒に遊ぶことを楽しんでほしい。ぼくとしては、妥当な目標に思えた。なんと言っても、ディックがいとも簡単に行なうさまを見てきたのだ。一度など、兄はチョウゲンボウを屋内で訓練し、一週間も経たずに餌でつって拳に止まらせたわけで、ぼくは自分も大ざっぱな秘訣をつかんでいるものと思っていた。

まずは、椅子のまわりの床に新聞紙を広げ、腕に古いタオルをかぶせて思わぬ糞便攻撃に備えてから、左手に古い運転用グローブをはめる（ウェリントンのような小型の鳥には実のところ保護のためのグローブは必要ないが、はめているほうが鳥が拳に乗ったときにしっかりとつかめる）。次に、靴ひもを歯にくわえて、鳥かごの扉を一〇センチほど開き、できることなら足緒と回転環をつかもうとするが、ウェリントンはあちこち跳ねまわったあげく、いちばん手が届きにくい隅っこでシーッと威嚇してくる。ようやくつかんで、そっと外へ引っぱり出すと、しぶしぶ抵抗をやめてぼくの左の拳に跳び乗る。そこで、ぼくは右手で回転環に革ひもを通し、その端を指にぐるぐる巻きつけて、親指と人差し指で回転環をしっかり固定する。それから椅子に座り、もう少しひもをゆるめてやる。

この訓練の目的は、彼がぼくのそばにいることに慣れて、指から食べ物を受け取り、グローブの上でそれを食べるようになること。目標を達成した暁には、できることなら、破壊行為や怪我の危険性が低い空間でウェリントンを自由に飛びまわらせ、ときおりおやつをちらつかせて拳に戻らせたい。おやつを見せるさいは、そのときだけの特別な口笛を吹く。そうすれば、いずれは賄賂があろうがなかろうが、口笛の音だけで飛んで来るようになるはずだ。このようにしてある種の絆を確立できるものと、ぼくは確信していた。

問題は、何度説明しても、ウェリントンがまるきり耳を傾けてくれないことだ。何週にもわたって、夜な夜なぼくの拳に（ほんの束の間）うずくまったが、その緊張ぶりたるや、歳入関税庁の役人を前にしたくず鉄業者もかくやという感じだった。ウェリントンは小型の猛禽なので、卵黄の詰まったぐんにゃりしたヒヨコをはさみで切り刻まなくてはならない。胸の悪くなる作業だ。身震いを抑えながら、脇に置いた小皿からぬるぬるした断片をつかみ、嘴まで運んでは、口笛を吹いたり精一杯の甘い声をかけたりする。ところが、ウェリントンは頭をかがめるか振るかして意図的に避け、嘴はあくまで固く閉じたままでいる──ホウレンソウのペースト入りスプーンが近づいてくるときの幼児みたいに。ぼくは憤怒に燃える目の前にこの忌まわしい〝ご馳走〟をちらつかせては、嘴をそっとなでるが、一時間ほど経過しても状況は変わらず、しまいには、頑固な下嘴をこじあけて餌を押しこみたい衝動に負けそうなる。何をやっても無駄だった。その名の由来である誇り高き陽気な人物とはちがい、ウェリントンは自分のねぐらでひとり食事をとるか、まったく口にしない日さえあった。

借りてきた木箱製の鳥かごは、当然ながら急場しのぎの仮の禽舎だ。ぼくが革ひもを握っていないあいだずっとウェリントンを閉じこめている必要はないので、まずは〝キャッジ〟を作製することにした。いわば携帯用止まり木のことで、〝自然の落とし物〟を受け止められる大きさのトレイに載せて、鳥が革ひもでつながれたまま少しだけ歩けるようにしてあるものだ。ほどなく、苗を入れる箱と、革ひも用の回転環つきボルトを埋めた棒きれと、前の週の『サンデー・テレグラフ』紙が、木箱製の鳥かごの上に据えられることとなった。ウェリントンはマンションに来て最初の週末をそこにつながれて過ごし、さらなる造成事業を見守った。

ウェリントンが常時過ごす場所をどうするかについては、マンションの間取りによって決定された。窓のないL型の廊下には、手前の左右に部屋がひとつずつ──バスルームと、書斎として使っている予備の寝室が──配置されており、後者の部屋にはバルコニーに面した窓がある。そのふたつを過ぎると、つきあたりに寝室が、左手にキッチンが、右手には大きなリビングが広がっている。このリビングがあるからこそ、ロイとぼくはこのマンションを選んだ。明るく風通しのよい広々とした空間で、南側のほぼ全面を床から天井までの大きな窓が占め、大空を背景にした開放的な高層ビル群の景色が望める――いわばマンハッタンのミニ版で、きらめく陽光を浴びるさまや、日暮れ後に点々と光がちりばめられるさまは、けっして本家に引けを取らない壮麗さだ。部屋には一日じゅう陽光が降り注ぎ、奥のほうに西向きの窓があって、低い屋根の連なる風景と、数キロ先に緑色に隆起した古いクロイドン空港が見える（もし、このマンションが一九四〇年八月に存在していたなら、ホーカー・ハリケーンが緊急発進し、赤々と燃える工場群の煙を突き抜けてドイツ軍の戦闘機を迎撃する壮観な光景を目にすることができただろう）。この西向きの窓の右手に設けられたガラスの扉をくぐると、書斎の窓の外にあるバルコニーの端っこに出る。実のところ、ただのコンクリートの棚にすぎず、上階の部屋のバルコニーが屋根みたいに覆っているせいで薄暗いが、天気のいい午後にデッキチェアを二脚とビールを一ケース運び出すだけの広さはある。

ぼくがこしらえたかったのは、このバルコニーにぴったり据えられる鳥小屋だ。ウェリントンが二、三回羽ばたきをして上昇や下降ができるだけの空間がある、大ぶりな衣装戸棚のサイズ。日中、ぼくが仕事で出かけているあいだは、そこで戸外の空気を吸ってまどろむことができ、夜間には興味をそそる景色を拝めるが、そうする間《かん》も、覆い被さった上階のバルコニーのおかげで激しい風雨から守られている。もっとも、ここに鳥小屋を設けると隣人の寝室の窓から二メートルほどの場所でウェリントンが生活することになる。幸いにも隣人のリンは仲のよい友人で、管理人に対する好意のほどはぼくと似たり寄ったりだった。ぼくは彼女に、コキンメフクロウは夜に大声で歌わない、と請けあった。断言できるほどの確信はなく、あくまで希望的観測だったが、結果的にこれは事実となった。ウェリントンは自然の生息地たる農地からはるか遠く――加えて、はるか上に――離れていたので、激しく鳴いて縄張りを主張する理由もなければ、声の届く範囲には応答する個体もいなかったのだ。

何枚もの方眼紙に次から次へと書き殴ってようやく、納得のいく設計図ができあがった。バルコニーはさほど幅が広くはなく、扉が突きあたりにあるせいで、自分が外に出る空間を確保しようとすれば鳥小屋の幅は六〇センチ以下に抑える必要があるが、奥行きと高さはそれぞれ一メートル六〇センチほど取れそうだ。計画では、奥のほうの公衆電話ブースくらいの空間を完全にベニヤ板で囲み、ウェリントンが人と接触したくない気分のときに（どうやら、それが常態になりそうだが）引きこもれる巣箱を設けて、その〝戸口〟のすぐ外に止まり木を据え、さらに餌を食べる棚もつけることにした。あとは木の骨組みに金網を張って、木の枝でこしらえた止まり木をもう何本か、高さを変えて四隅に斜めに渡せばいい。

ぼくは大工仕事が得意とはとうてい言えないが、自分が考案した扉は、特許庁に持ちこんでもいいほどの傑作だと自負している。この〝ウィンドロウ・マーク1型二連往復動フクロウ弁《バルブ》〟は、鳥小屋の内寸に合わせた木枠に網を張ったもので、〝正面〟に近いほうの端にはめこんである。実のところ、同時にあけ閉めができる二重の扉にすぎず、一枚は内側に、一枚は外側に開く。このおかげで、ぼくはただウェリントンがケージの奥にいるのを確かめたうえで、ワイヤーを引っ張って横幅いっぱいの大きさの内扉を閉め、彼が外に出られないようにすればいい。それから外側の扉をあけてなかに入り、うしろ手に閉めて、自分を〝フクロウ・ロック〟に閉じこめる。鳥小屋には、内扉を開いてぼくがさらになかに入れるだけの空間があるので、ウェリントンと屋外との境界を扉一枚以上に保ったまま同じ空間に立てるわけだ。しかるのちに彼をバスケットに入れ、さきほどの過程を逆にたどって、室内に連れて行く。

土曜日の朝、ぼくは勝ち誇って意気揚々と、地元のホームセンターに出かけた。ここには必要な物がすべてそろっていたが、ひとつふたつ、ぼくの考えがおよばなかったことがある——大きな誤算は、長さ一メートル八〇センチ、太さ二・五センチかける五センチの木材を八本と、厚みのある良質の巨大なベニヤ板を三枚（ウェリントンには最高のものしか与えない方針だ）と、金網のロール数種類を、貧弱な備えつけのカートにすべて落ちないように載せて、店の狭い出口から運び出すのは困難をきわめたことだ。この残酷な喜劇の第二幕は、駐車場で繰り広げられた。なにしろ、これらすべてを車内に詰めこむか、屋根にしっかり結わえつけなくてはならない（「ママ、あの赤い顔した変なおじさんは、どうして手から血を流しながら、ひも切れと格闘して乱暴なことばを吐きつづけてるの？」）。

その日の正午、人間の観客の目がなくなったことにほっとしつつ冷たいビールで心を落ち着けて、買ってきたものをリビングの床に広げ、作業に取りかかった。計画としては、まず左右と奥の壁、そして天井部分をべつべつに作製し、最終的にそれらをバルコニーに持ち出して組み立てる。妥当このうえない案に思えたが、その後の三六時間に、独学大工としてのぼくの限界が無慈悲なまでにさらけ出された。ちゃんと寸法を測ったにもかかわらず、どの材料も致命的に一センチほど短いか長いことが判明した。はさみで切り取った金網の端が、掌をことごとく突き刺した。U字釘は、節の多い木材に金槌で打ちこもうとするとどれもこれも曲がった。蝶番のねじ釘が木材を裂き、しかも日曜日の午前一時ごろ、不可欠な角ブラケットが三つも消え失せていることが判明した。

日曜日の夜には、ぼくは疲労から無口で怒りっぽくなり、汗とおがくずまみれで、リビングの床は建設現場の様相を呈していた——だが、とにもかくにも、ついに完成した。耐候性のニスを塗ったおかげでやわらかな金色に輝き、〝二連往復動フクロウ弁〟はこのうえなくなめらかに動いて、新聞紙が雪さながら床を覆っている。まごうかたなきフクロウの宮殿だ。ウェリントンもしかるべく入居したが、いかにも尊大で恩知らずに見えた。ビールのお代わりを注いで、やれやれと腰をおろしたとたん、玄関の呼び鈴が鳴った。すわ、〝天敵〟管理人様の来襲だ。

何年も前にぼくが引っ越しパーティを催して以来、管理人とは折り合いがよくなかったうえに、ウェリントンの存在が入居契約に歴然と違反している。ぼくは勇気を奮いたたせ、弁解のことばをどう切り出そうかと頭を巡らせた。週末にさまざまな苦難をくぐったせいで、弾圧者への抵抗に異常なまでに燃え、最高裁の先の先まで闘い抜くぞと決意したが――拍子抜けしたことに――違法な家畜への言及はひとこともなかった。どうやら問題は、見落としていたべつの付帯条項から生じているらしい。〝見た目において当該マンションの品位を落とす物品はいっさいバルコニーに設置するべからず〟という条項だ。うちのバルコニーはガス工場を見おろし、その工場は一年以内に取り壊される予定の二階建て長屋が並んだ陰鬱な通りに面しているわけで、どうやったらこの地域の美観を大きく損なえるのかよくわからない。にもかかわらず、管理人は図々しくも、ぼくが設置した〝戸棚〟をすみやかに撤去するよう求めた。内心ほっとしたことに、彼がそれ以上踏みこもうとしなかったので、ぼくは協力すると約束した。

翌朝早く、階下に降りて地上からの検分を行なった。距離も角度も異なる複数の地点からひそかに眺めた結果、鳥小屋の最上部がたしかに見えることが判明したが、それもせいぜい半径一五〇メートルほどの範囲からにすぎない。上階のバルコニーが投じる洞窟めいた影とバルコニーの手すりのおかげで、ほぼ全体が隠れており、ぼくの目をとらえたのは奥の巣箱のきらめきだけだ。念入りに三重にニスを塗ったのが徒になったことにため息をつき、さっそくつや消しの黒色ペンキを買いに出かけた。昼食時には、二回めの偵察によって、ウェリントンの小屋が地上レベルからは完全に見えなくなったことが確認できた。バルコニーでの植物の栽培は許されていたので、みるみる生長する蔦植物と堆肥にも投資を行なった。数週間後、おかげでウェリントンはふたつめの偽装を手に入れ、以降、ぼくが管理人に文句を言われることはなかった。

二週間後、わがフクロウの糧食調達問題が深刻化した。すでに、わりあい近隣の孵化場をいくつか見つけて、ヒヨコの袋詰めを売ってくれることを確認してあったが、そのためには早朝、回収業者が到着する前に自分で取りに行かなくてはならない。ちょうど仕事の締切が迫っていて午前半休をとる余裕がなかったため、引き取りに行くのは土曜日にかぎられていた。火曜日には、わずか二袋のヒヨコしか残っておらず、なんらかの緊急措置を要した。

おそらく、ウェリントンはほかの種類の肉にも関心を示すはずだ。まだ血がしたたる状態で、小さく切ってあり、消化系に必要な食物繊維として毛皮か羽がついている肉ならば。生のウサギ肉はどうだろう。これだって、じゅうぶん田園の産物ではないか。子どものころ、秋になると、銃で撃たれたウサギが精肉店の店先にずらりとぶらさがっていた光景を思い出す。その鼻と口の下には、滴り落ちる血を受け止めるブリキのカップが置かれていた。ロンドンでは、レストラン向けのありとあらゆる専門食材の業者が集まっている場所はソーホーで、幸いにもコベントガーデンのオフィスからわずか徒歩一〇分の距離だ。そこで、昼食時にあたりを歩き、生のまま《オー・ナチュレル》のジビエ肉を扱う昔ながらの精肉店を探した。だが徒労に終わった。どうやら、現代の都市住民は、肉がどこから来るのかあからさまに知らされることに難色を示すらしい。

翌日には、ぼくは懸念を募らせ、もう少し広範囲に探すことにした。高級ショッピング街ナイツブリッジのハロッズ・デパートは、なんであれ人が望むものはすべて提供できるとまことしやかに語られてきたし、その食料品売り場の充実ぶりは有名だ。ぼくは長めの昼食休憩をとって、地下鉄で西に向かった。天井の高い静謐な美食の神殿に足を踏み入れ、肉売り場のカウンターにたどり着くと、たしかに、大理石の壁にウサギが整然とぶらさがっていた。なんだか顔つきも上品で、周囲の雰囲気と調和している。

それまで目的物のことしか頭になく、ぶじ見つかってほっとするあまり、店員のひとりに近づくまで何を言うべきかまったく考えていなかった。相手は銀髪の紳士で、非の打ちどころのない衣服に前掛けをつけ、司教めいた威厳を漂わせている。

「本日は、どんなご用でございましょうか」

「ウサギが欲しいんですが」

「かしこまりました。飼育されたウサギをご所望ですか、それとも野生のウサギでしょうか」

「うーん……何がちがうんですか？」

（かすかに哀れむようなまなざし）「一般的には、飼育されたウサギは体が大きくて肉がやわらかく、かたや野生のウサギは風味が強いと言われております」

「ええと……飼育されたウサギをお願いします」

「かしこまりました」司教は背を向け、カウンター裏のフックから毛に覆われた死骸をはずした。「当然ながら、皮は剝いだほうがよろしゅうございますよね？」

「ええと、その——いや、けっこうです——皮は残してもらえますか」

「もちろん、承知しました」彼はウサギを包みはじめた。だが、そこでぼくは思い出した。ウォーターファームでときおり狩猟に出かけたとき、ウサギを一から解体するのがいかに大変だったか。それに、怠惰な独身男のキッチンには、この作業に耐えうるほど強靭なナイフは一本もない。いやはや、なんともばつの悪いはめになりそうだ。

「あの――ちょっと――その、それを切り分けてもらうことはできますか。つまり、皮はつけたままで。かなり細かく」

司教はじっと立ちつくし、きれいにひげを剃ったつややかな顔になんの表情も浮かべず、しげしげとこちらを見つめた。それから、ゆっくりめの慎重な口調で、こう尋ねた。

「すると、このウサギを細かく切り分けてほしいとおっしゃるのですね――骨をつけたまま――皮を剝がないで……?」

「ええ――そうです、お願いできますか……あの――ぼくが食べるんじゃないんです」。だれが食べるのか説明しようとしたが、ふいに気力を喪失した。

背を向けたまま、彼はぼくが頼んだとおりに処理しはじめた。あれこれ要求の多い一般客を相手にしてきた長年の歳月でも、おそらく、今回の経験ははじめてだっただろう。肉切り包丁をあげおろしするその横で、司教仲間が大理石の調理台でせっせと手を動かしている。ふたりの頭が同時に動くのが見えた。一瞬のちに、仲間のほうが肩越しにすばやく、不可解な視線をよこした。そのあと、ぼくがカウンター越しに紙幣を突き出してどぎまぎしながら逃げ出すまでの数分間が、おそろしく長く感じられた。またここを訪れる勇気が湧いたのは、数カ月後のことだ。

これほど苦労して手に入れたウサギの肉を、ウェリントンがちゃんと食べたかどうかはわからない。当然ながら、恒例の夜の訓練ではまったく嘴をおつけあそばさなかったので、夜のお出まし時に、バルコニーの鳥小屋にウサギ肉の断片をいくつか置いてさしあげた。ひとりきりになったときに、快くお召しあがりになったかもしれないし、軽蔑のシューッという声とともに小屋の片隅へ蹴り入れてしまわれたかもしれない。その週の土曜日、ぼくは数週間分のヒヨコの死骸を買いこみ、冷蔵庫の小さな冷凍スペースを空にして、なんとか全部を収納した（結果として、あるとき、ジントニック用の氷を探していた客が、腰を抜かさんばかりに驚くはめになった）。

秋は飛ぶように過ぎて冬が到来し、ぼくは相変わらずウェリントンを馴らそうとがんばって、夜ごと、意志の強さを競う闘いを繰り広げていた。ぼくが望んだのは、人間の存在をすっかり受け入れたときに鳥が示す兆候――羽をぶわっと膨らませて片脚立ちになり、拳の上でまどろむ状態だ。アヴリルのモリフクロウのウォルは、人生の大半をこの姿で過ごしている。ディックのハヤブサたちですら、獰猛な戦士でありながら、胸の羽毛を彼がなでてやると、とろんとした目で喜びの声をあげる。なのに、ぼくがどんなにやさしく触れようと、ウェリントンは体をこわばらせ、専門家が〝ベイティング・オフ〟と呼ぶ作戦行動をとるのだ。

何かに怯えてわれを忘れたとき、猛禽類は足緒と革ひもが許すかぎり高く舞いあがったかと思うと、頭から真っ逆さまに下降して、どんな行為であれけっして前向きにやろうとはしない。逆さの姿勢を続けても、ウェリントンは痛みも不快感も感じないようだった。やろうと思えば、大きく一回羽ばたくだけで、みごとに元の位置に戻れる――そう、誤って止まり木から落ちたときにすぐさま復帰できるのと同じく。なのに、足首を軽くひねってぶらさがったまま、かたくなに人間に屈するのを拒んだ。こうした拒否行動に慣れていない人間は、当然ながら驚き慌てる。そして、鳥が怪我をするのではないかと不安になる。一時間に二〇回も体を起こしてやって拳に乗せるのに、感謝されるどころか、いつまでもこの〝カミカゼ〟ダイヴを見せられると、さすがに苛立ってくる。とはいえ、ついにあきらめて、このいまいましい生き物を止まり木に戻したら、また失点を積み重ねることになる。

この我慢ゲームで、ウェリントンはいともやすやすとぼくを負かした。なんとしても、ぼくの手から食べ物をついばもうとしない。なでさせてもくれない。拳の上に乗るのでさえ、一度にほんのわずかな時間なのだ。この種の鳥は、片時も警戒をゆるめず単独で狩りを行なうよう進化してきたので、かぎりなき忍耐力を持っている。かたやぼくはといえば、仲間たちとわあわあ騒いでサバンナを駆けまわりながら夕飯を捕まえるよう進化してきたので、忍耐力がない。

一九七七年から七八年にかけての冬、ぼくは仕事で一週間ほど留守にせねばならず、その間、ディックが快く空き禽舎でウェリントンを預かってくれた。出張から戻って、引き取りの日程調整のために電話をかけたとき、ディックは申し訳なさそうに応答した。ぼくの留守中に、ウェリントンが金網の小さな隙間を見つけ、夜空に逃げ出したというのだ。

この報せに対し、ぼくは千々に乱れた感情を覚えた。ディックに気を揉む要因を与えたのは申し訳なかった。だが同時に、自分で決断をくだすことなく不毛なプロジェクトから解放されて、正直ほっと胸をなでおろしてもいた。ぼくがウェリントンを好きだったとは、口が裂けても言えない。彼は囚われの鳥で、ぼくは看守だった。およそ四カ月経たのちも、それ以外の関係はなんら築けず、今後も築けそうな兆しは露ほどもなかった。そして、いまのぼくにできることは、すべてを貴重な体験として心に書き留め、自分の人生を歩みつづけることだけ。

ところが、ことはそうすっきりと運ばなかった。時が過ぎるにつれ、夕方帰宅して何も心を注ぐ対象のない状態が、なんとなく不本意に思えはじめた。バルコニーの空っぽの鳥小屋が――書斎でタイプライターを打とうと座るたびに窓の外にでんと鎮座していて――たびたび非難がましく感じられた。猛禽類を飼って手なずけたいという望みはくじかれたものの消滅してはおらず、自分が達成したかったことと実際に起きたことがいかに異なるかを考えずにいられなかった。ウォーターファームで見たちとクリスマス休暇を過ごす間《かん》ずっと、ふわふわの羽毛に覆われた穏やかなウォルがキッチンの片隅の薄暗い高所からにぎやかな行事を物静かに見守っていて、その姿がどうしても頭から離れなくなった。年が明け、ぼくはついに認めた。自分はまだフクロウが欲しいのだ、と。だけど、どんな種類のフクロウがいいのだろう？

ウェリントンのあとでは、コキンメフクロウをまた飼う気にはなれなかったし、メンフクロウ（学名*Tyto alba*）ならば入手に関してほとんど苦労はないだろう（メンフクロウは昨今、野生環境よりも飼育下の個体数のほうがはるかに多く、なかには負傷して救出された個体もけっこういる）。テレビのネイチャー番組ではメンフクロウが大人気で、番組スタッフが巣箱のなかの彼らを撮影するために列をなしているのかと思うほどだ。学名はラテン語で〝白いフクロウ〟を意味するが、イギリスではスクリーチ・アウル、すなわち〝甲高い声で鳴くフクロウ〟とも呼ばれている。田園地方では、夜中にイヌを散歩させる人たちが、ときおり血も凍るような金切り声に身のすくむ思いをさせられるからだ（ちなみに、この呼称は、アメリカでは別種のフクロウにつけられている）。英名のバーン・アウル（納屋フクロウ）からわかるとおり、メンフクロウは農家の家屋に巣を作り、その庭先や野原に狩りの縄張りを設ける習性がある。

メンフクロウのいかめしいハート形の顔には威厳が感じられるし、金褐色と白色の壮麗な羽毛に点々と黒っぽい斑のついた外観のおかげで、夜間であれ日中であれ、縄張りで狩りや見回りをしている姿が目につきやすい（亡霊みたいにひっそりと近づいてくるせいで、ときにひどく驚かされることもある）。見かけが写真向きなことと個体数が危険な水準にまで減っていることから、よく自然保護のポスターに掲載されており、生活形態に柔軟性があって人間の近くに住むのをいとわないので、野生生物の写真家や映画制作者にとっても手ごろな動物となっている。ところが、疑いなく優美な鳥にもかかわらず、実のところ、ぼく個人は心惹かれたことが一度もなく、しかも文献によれば、禽舎でもよく繁殖するとはいえ、ペットとして申し分なく懐くことはまれだという。

かたやモリフクロウ（学名 *Strix aluco*）はカメラや博士号の保持者たちを慎重に避けてきて、前述の *Tyto alba*、すなわちメンフクロウよりもはるかにひそやかな生活を送っている。飛行巡回をせず、近くに人間がいる状態をさほど歓迎せず、たいていは森の木に偽装してひたすらじっとうずくまっている。したがって理論上は、打ち解けにくく親愛の情がさほど湧かない対象になりそうだが、人間の感情はそう理屈どおりにはいかない。モリフクロウに遭遇すると、石のように冷たい心の持ち主ですら、必ずや抱きしめたい衝動に駆られる。人間は本能的に、やわらかい毛皮か羽毛に包まれ、予想どおりの場所に顔がある動物（とりわけ幼い動物）に対して、何よりも温かい反応を示すと言われる。もちろん、この〝ああ、かわいい〟という反応は感傷的な擬人化のなせるわざだが、その影響力の強さたるや反論するのもむなしいほどだ。

人間がフクロウに共感を抱くのは、彼らの姿勢がまっすぐで顔を認識しやすいからだ。しかも、モリフクロウはメンフクロウより頭部に丸みがあり、顔盤も丸っこくて輪郭がやわらかく、貴族的な雰囲気がさほどない。黒っぽい目は比較的大きく、メンフクロウみたいに垂直に隆起した羽毛によって左右に隔てられてはいない。代わりに、〝ひたい〟の中央から下へくっきりと色の異なる羽毛が短く伸びているおかげで、結果的に顔盤の上端がふたつに分かれて〝眉〟に見える。また、短い鉤状の嘴は無意識に〝鼻〟と認識され、口の左右の端もふさふさした三角形の〝ひげ〟に隠されている。

モリフクロウをじっと眺めているときに顔をみっしり覆う細かい羽毛がかすかに動くと、メンフクロウのいかめしいハート形の〝仮面〟よりも表情豊かな気がしてくる。この動きはもちろん、人間の顔の表情とはなんら相関性がないが、まるであるように思えてしまう。はあはあと息を切らしたイヌが、笑っているかに見えるのと同じだ。また、体を膨らませて丸パンをふたつ重ねた形状でうずくまると、いかにも心地よさそうな眠たげな表情になり、茶色とオフホワイトの羽毛と相まって、すらりとした体型のメンフクロウよりも穏和な性格ではないかと錯覚してしまう。さらに決定打として、モリフクロウは仲よしのペットになるという評判がある。

威厳たっぷりな（より端的に言うなら、たいていは物静かな）メンフクロウにほんの少し心を動かされたとはいえ、ぼくの意志はすぐに固まった。自分が欲しいのは、モリフクロウだ。

イギリスでは、野生の猛禽類は、卵や雛も含めて法律で厳重に保護されている。ぼくが相談すると、しかるべき法手続きに詳しい人々にディックが電話をかけてくれた。やがて情報が寄せられ、認可を受けたブリーダーのもとでその年の春に産み落とされた最初の卵を、いくらで予約できるかが知らされた。ぼくは思い切って、注文を入れることにした。

卵の選択は、どうやらかなり重要な問題らしい。飼育下の環境――獲物が豊富な年の野生環境を模したもの――では、モリフクロウはたいてい、最高五個の卵を産んで温める。野生下と同じく、これらの卵は少なくとも二日、場合によっては数日の間隔をおいて途切れ途切れに産み落とされる。およそ四週間後に最初の卵が孵化するが、この雛鳥はきょうだい鳥たちよりも優位に立てる。少なくとも二日かそれ以上のあいだ、親鳥の関心と給餌を独り占めできるからだ。きょうだい鳥が孵るころには、体が大きく強くなり、餌をくれと声高に鳴けるおかげで、生き残る可能性が高まる。

自然界では、こうした親のえこひいきは、獲物の少ない年にとくに顕著になる。屈強な雛鳥が少なくとも一羽は健康なまま生き延びて、最初の秋から冬にかけて自活という大試練に耐えられることが重要だからだ。ハゲワシに似た獰猛そうなメンフクロウの雛とちがって、モリフクロウの雛は見かけは愛らしいが、どんな種の場合であれ猛禽類の巣は自然の森と同じく容赦なき闘いの場であり、あとから孵った雛が何羽か命を落とすこともめずらしくはない。自然の世界はあくまできびしく、きょうだい鳥の食欲はとどまるところを知らず、ゆえに、不幸にも人生のレース初期に負けた雛たちは朽ち果てることすら許されない。

また、最初に孵る雛はふつうは雌である、と俗に言われる。モリフクロウの雌は雄よりも体が大きいからだ。この性別の問題はかなりややこしい。専門家による複雑な検査を経て、ときにはレントゲンまで撮らないかぎり、若いフクロウの性別を知ることはできない。ほかの鳥もそうだが、フクロウも外生殖器を持たず、完全に成長すれば雌のほうが雄より二五パーセントも体重が重くなるとはいえ、若鳥の場合は大きさにも配色にも明らかな性差はないのだ（ぼくは当初から自分のモリフクロウを雌とみなしていたし、本書も最初からその前提で綴ってあるが、実際には二年ほど経ってようやく、特定の行動様式からたしかに女性だと確信を持つにいたった）。

一九七八年四月初旬、〝ぼくの〟卵が産み落とされ、巣から運び出されて孵化器に入れられたという報告が来た。およそ四週間後、この雛がぶじ孵り、ブリーダーの幼い息子が給餌していると告げられた。一日に数回、マッチ棒の先端に載せられたどろどろの物体を与えられるのだ。さらに、この坊やが雛をなんと呼べばいいのか父親に尋ねて、自分が大好きな物の名前をつけてごらんと言われ、〝マーマイト・サンドイッチ〟と命名したことを知らされた。

ついにその日が訪れた。五月下旬のまばゆく晴れた日曜日、フクロウとのかかわり第二章に踏み出すために、ぼくはウォーターファームに車を走らせた。物思いに沈む道中だった。喜びを受けつけない心の片隅から、疑り深い小さな声が、おまえは何に足を突っこもうとしているのかわかっているのか、と絶えず問いかけてくる——混乱と、不便さと、社交生活の複雑化。そしておそらく、これらのせいで結果的に二度めの失望がもたらされるはずだ。なぜ現実を見つめて、自分には動物を飼う能力がないことをさっさと認めないのか、と。いつもなら、ケント州の半分を眼下に望みながらブルーベル・ヒルのくだり坂を疾走すると、天候が陰鬱な日ですら気分が高揚するのだが、太陽のきらめくその日曜日には、壮観な景色がまるで目に入らなかった。

ウォーターファームを気楽に訪問できる理由のひとつは、到着時につきものの反応がない、つまり〝歓迎委員会〟が存在しないことだ。着いたあとは、家族ひとりひとりにばらばらに遭遇する。彼らは各所でめいめいの用事に専念し、たとえばアヒル池の柳の下でコーヒーを飲んだり、小放牧地でヒツジの足に何やら処置を施したりしている。やがて、古いトラクター小屋の裏から聞こえていた研磨機やドリルの音がぱたりとやんで、一九四五年に米軍から払いさげられた錆だらけの物体に心臓切開手術を行なっていたディックが休憩に入ったことがわかる。ぼくはいつもこの中休みにほっとひと息つく。モーターのうなり音を頭から追い出して、脳を人間の会話向けに再調整できるからだ。その土曜日も、ぼくは普段と同じく淡々と迎えられ、運命の出会いが迫っていることを示唆する要素は何ひとつなかった。

ぼく「で、どこにいる?」

ディック「キッチンのなかだ」

大きな農家のキッチンに続く扉はいつもどおり開かれたままで、ぼくはひんやりした暗がりに足を踏み入れた。ドレッサー上部の高い止まり木で昼寝中のウォルは、気にも留めていないようすだ。ぼくはあたりを見回した。おそらく段ボール箱が目に入り、それに近づくにつれて、怯えてかさこそ引っ掻く音が聞こえてくるはずだ。ところが、かさこそという音も、箱の存在すらもない。

あけ放たれた窓辺で陽光を浴びる椅子の背に、全長二〇センチあまりの姿がちょこんと乗っていた。丸々としたその外観は、鼻を美容整形したペンギンのぬいぐるみといったところか。薄灰色の綿毛で編んだ生地を茶色の糸でかがったつなぎ服に、毛糸のバラクラバ帽。ふわふわしたその帽子の穴から、ふたつのきらきらした大きな黒い目が、信頼しきった表情でぼくを見あげている。「クウィープ」と、小さな声でそれは鳴いた。すっかり魅了されて、ぼくはかがみこんだ。すると、毛で覆われた灰色のまぶたをぱちぱちさせて、自分からぼくの右肩に飛んできた。大きな温かいたんぽぽ状の頭が頬に押しつけられ、乳臭い生まれたての仔ネコみたいな匂いがする。「クウィープ」とささやくように、それは繰り返した。

日曜日の夜、ぼくたちは車で一緒にロンドンに戻った。ディックの手を借りて足緒を装着する必要はなかった。ぼくは心に誓っていたのだ。この鳥はけっしてひもでつながないし、自分の意志でそばに来るのでなければ、無理じいはしない、と。雛鳥は段ボール箱のなかでがさごそ歩いていたが、じきに抜け出して、ぼくの肩によじのぼってきた。まるきり新しいこの体験にも、ごく平然と順応しているようだ。道程のなかばに達するころには、かがんでバランスをとることを覚え、体のぐらつきを抑えるために、ときおりそっとぼくの耳たぶを嘴にくわえていた。

ひと目惚れだった——遅咲きの恋は、とかく強烈なものだ。三四歳にして恋に落ちたぼくは、その後一五年間、この鳥の虜と化した。

第2章　フクロウたち——ちょっとした科学的講釈と民間伝承

現在判明している進化の過程では、モリフクロウはぼくたち人間よりもはるかに古い種から枝分かれしており、もし、そのぎゅっと詰まった小さな頭蓋に思索的考察の余地があるなら、当然のように、人間のことを哀れなまでに呑みこみが遅い種だと見くだしていただろう。

鳥類の進化については、ほかの生物にくらべてさほど多くは解明されていない。というのも、骨がもろくてめったに化石として残らず、残っていても識別がきわめて困難なのだ。一般的に、鳥類は恐竜時代に小さな爬虫類から進化したと言われているが、その過程については学問的に議論の余地がある。この分化を示す最古の証拠は、長いあいだ始祖鳥――十九世紀にドイツで見つかった輪郭のはっきりした化石の一群――とされてきた。これらの化石は、ジュラ紀後期、すなわち約一億五〇〇〇万年前のものだ（恐竜時代はその後もおよそ八五〇〇万年ほど続いている）。始祖鳥はカラスほどの大きさで、爬虫類に似た頭蓋と歯の生えたあごを持ちながら、その骨格は両生類と鳥類の特徴をあわせ持つ。ひときわ目を引く点は、まぎれもなく羽でできた翼だが、同時に、羽毛に縁取られた両生類的な尾も有する（近年、中国でニワトリほどの大きさの化石が発見され、シャオティンギアと名づけられた。四肢と尾が羽毛に覆われており、始祖鳥よりもさらに古い生物だという主張がなされている）。だが、これらの種と今日の鳥類をつなぐ一連の生物学的適応については――もし、そうした直接的なつながりがあればの話だが――たとえるなら、ごくわずかなピースしか判明していない巨大なジグソーパズルみたいなものだ。進化の過程は、計り知れない数の袋小路によって中断され、既知の化石の多くが確認しうる子孫をいっさい残さず絶滅している。

とはいえ、ぼくたち自身の最古の先祖とおぼしき種、原人のアウストラロピテクス・アファレンシス

（〝ルーシー〟がよく知られている）がアフリカの角《つの》のサバンナに出現したのは、およそ三五〇万年前で、フクロウの始祖であるプロトストリクス（*Protostrix*）が現在の北米に化石記録の形で残されてから、少なくとも五〇〇〇万年が経過している。プロトストリクスは始新世にこの世に出現した。大陸の下に横たわる地殻構造プレートが現在の位置に変動する前のことで、恐竜の最後の種が死に絶えてからざっと一〇〇〇万年ほど経過したころに、プロトストリクスが頁岩《けつがん》粘土にその痕跡を残したわけだ。これはちょうど、小さな爬虫類から進化した鳥類と、これらの鳥が捕食する小さなほ乳類がともに多様な種に分化し、地表の大半を覆う森林や草原地帯に広がっていった時期にあたる。

それから想像を絶するほどの時間をかけて、進化がごくゆっくりと枝分かれの試行錯誤を重ねるなかで、狩りをする鳥たちの遺伝的資産を分離していった。更新世、すなわち〝わずか〟三〇〇万年ほど前に、この過程からまちがいなくモリフクロウと断言できる種が生まれた。この *Strix aluco* は、今日なお確認できる約三〇のフクロウ科最古の種のひとつだ。しのぎを削る絶え間ない種の選別過程を生き残りつづけたことから、モリフクロウは三〇〇万年前にはすでに周囲の環境にうまく順応し、食物連鎖のなかで独特の生態的地位を確立していたものと思われる。この時点において、小柄で毛むくじゃらのぼくたちの祖先はまだうしろ足歩行に移る途上であり、石を打ちつけて得られる恵みに気づくのは少なくとも約五〇万年ほどのちになる。

人類の正確な系譜はいまだ議論の的で、人間に達するまでの無数の試行錯誤は、化石からうかがうかぎり、逐次的な段階を経るのではなく、どうやらそれぞれの期間が重なりあっているようだ。ルーシーのおよそ一〇〇万年のち、すなわち約二三〇万年ほど前に、まだ類人猿に近いホモ・ハビリスと呼ばれる種が、脳の大きさはルーシーの半分ほどでありながら、まぎれもなく石の道具を使用していた。一八〇万年前には、はじめて疑いの余地なくぼくたちに連なる種、ホモ・エレクトスがアフリカ東部に登場した。背丈が伸びて背筋がまっすぐになり、体毛が少なく、脳の大きさも一〇万年の歳月をかけてゆっくりとだが着実に増した。石を打ちつける作業が、より野心的で洗練されたものになった。いつの時点か不明だが、この上昇気流に乗った種がアフリカから中東へ大量に移住し、地球上の残りの場所にもじわじわと入植しはじめた。

約八〇万年前から、ホモ・エレクトスの脳の拡大にいちじるしく拍車がかかった。おそらく、劇変を繰り返す気候や環境に対応した結果だろう。そして、わずか一二万年前に（進化の時間軸からすれば、またたき程度にすぎないが）、ぼくたちホモ・サピエンスは、脳の大きさが等しくて体はよりたくましいホモ・ネアンデルタレンシスとの競争において優位に立ったが、氷に閉ざされたヨーロッパから最後のネアンデルタール人が消滅したのは、ほんの二万八〇〇〇年前のことだ（ぼくたちが彼らを凌駕できたのは、骨で作った針という、ごく単純な要素のおかげかもしれない。人類はその針で皮革を縫いあわせて暖かい服をこしらえられたが、ネアンデルタール人はできなかったらしい）。彼らは餞別として、交配を通じてぼくたちにおよそ四パーセント分のＤＮＡを遺贈し、霊長類の進化という長いマラソンでの最終勝者たる地位を譲ってくれた。ルーシーの脳の三倍あまりに増大した脳、完全な直立姿勢、長距離走を可能にする骨格、ほかの四本の指と向かいあわせになる強靭な親指、多種多様な幅広い食物を処理できる消化管……。これらすべてが相まって比類なき適応力をもたらした結果、ぼくたちは――比較的力が弱く、母親のもとを離れて繁殖できるまでに情けないほど時間を要するにもかかわらず――地球に生息する動物たちを容赦なく淘汰してきた数多くの困難を切り抜けることができたのだ。

いっぽう、氷河の歩みさながら遅々としたこの過程のあいだ、モリフクロウは悠然と縄張りを守り、夕飯を捕らえ、雛鳥をもうけていた。ぼくたちとはちがい、彼らは大きな適応を強いられなかった。五〇〇〇万年前の基本的な鋳型をもとに、三〇〇〇万年ほど前に完成形が作られ、骨格も機能も周囲の環境にすっかり調和した狩人が誕生したわけだ。理論上は、呼吸可能な空気と、狩れる獲物と、止まれる高い場所が地球上にあるかぎり、未来永劫モリフクロウとして存在しつづけられそうだ（したがって、比較進化学の偏狭な見地からすると、彼らは〝進歩の見込みがない〟と表現される。だが、オーケストラ向けに交響曲を作曲したり、核融合爆弾を製造したりできないことが、彼らにとってさほど不利益になるとは思えない）。

好奇心旺盛な子どもが抱くもっともな疑問、「フクロウってなあに？」に対して、何よりも簡潔な答えは次のとおり――〝ネコに似た動物で、空を飛べるけど、ネコみたいに夜でも活動できるんだよ〟（エドワード・リアがナンセンス詩『フクロウとネコちゃん』で、愛すべき関係にあるこのふたつの動物を並べたのは、一見奇妙に思えるが妥当と言えよう）。地球上の無限にからみあった複雑な生態系において、フクロウは毎夜、昼間に狩りを行なう鳥たちが眠っているあいだに仕事をする。こうした夜勤労働者たちの存在は、地球上の生物の数をそこそこ持続可能なバランスに保つために不可欠だ。ゆえに先ほどの子どもの質問には、〝もしフクロウがいなかったら、農家の人たちは首までネズミに囲まれちゃうんだよ〟と答えることもできる。

その子どもが成長して、なおも関心を抱いているなら、もっと真剣に、フクロウをほかの鳥から際立たせる要素を説明してもいい。鳥類のうちフクロウ目を規定する特徴は、正面を向いた大きな目――同じ大きさのほかの鳥に比べて二倍以上もある――と、きわめて発達した耳だ。このふたつのおかげで、ぼくたちが（まちがって）真っ暗闇と呼ぶ状態でも、彼らは生きた獲物を狩ることができる。

フクロウ目に属するさまざまな科や種の鳥はすべて、ふさふさした羽衣に覆われた強靭な引き締まった体、しなやかな長い首を隠すやわらかな羽毛、力強い脚と、大きな爪を持っている。また、不動の姿勢も共通の特徴だ。彼らはたいてい物静かに座ってせわしない世界を眺めており、あざやかな配色は必要としない――偽装《カモフラージュ》のほうが、遠目にも個体が判別できることや、身の毛のよだつ威嚇ディスプレイを行なうことよりも重要なのだ（とはいえ、必要に迫られればこれらも行なえる）。色彩が控えめで夜行性であることから、多くの種――とくに、開けた土地よりもうっそうとした森林地帯を好む種――は、もっぱら音を介して情報を伝達する。たいていの昼行性の猛禽類よりもはるかに音声が発達し、鳴き声に特定の意味を持たせた〝ボキャブラリー〟も幅広い。

世界各地に、二四の科にわたる約一三五種のフクロウが生息している（〝約〟と記したのは、いまなお辺境のジャングル地域でときどき新種が発見されるのに加え、いくつかの亜種について、別種として分類すべきか否か分類学者間で意見の相違があるからだ）。大部分はフクロウ科（*Strigidae*）に属するが、およそ一〇種はメンフクロウ科（*Tytonidae*）に分類される――代表的なのはメンフクロウとミナミメンフクロウで、残りの種とははっきりした解剖学上のちがいがある。世界のフクロウのかぎられた種に関してはかなり詳しく研究されてきたものの、生息環境や夜間行動を現地観測することがむずかしいせいで、多くの種について、存在と基本的な特徴以外はごくわずかしか判明していない。ひとつだけ確かなのは、フクロウはほぼ無限とも思えるさまざまな範囲の環境にうまく適応してきた、ということだ。そうする間《かん》にも、気候が一〇〇〇年周期で変化し、多くの種が誕生している。

大きさの面では、ワシミミズク属の数種——人間の腰の高さほどの背丈がある——から、スズメなどの鳴禽と大きさがほぼ同じ小柄なサボテンフクロウやスズメフクロウにいたるまで広範囲にわたっている。最大級はシマフクロウで、個体によっては体長七五センチ、体重四・五キロ、翼幅は二メートルあまりに達するという。最小はアメリカ南西部のサボテンフクロウ。体長およそ一三センチ、体重は四二・五グラム程度——ワシミミズクの重さのわずか一〇〇分の一だ。

フクロウは南極をのぞくすべての大陸と離島の多くで見かけられ、極寒のタイガから熱帯雨林や湿地まで多種多様な地域の森林内部かその周縁に大半が生息する。とはいえ、樹木のない地域で繁殖する種もいる。開けた大草原《プレーリー》や、乾燥した砂漠地帯、北極のツンドラでさえも姿が見られる。ほとんどは樹上か岩棚に営巣するが、種によっては、地上、あるいは地中の穴に巣を作る。多くの種が一年じゅう縄張りに留まるいっぽうで、地域の餌動物が乏しくなったときに広範囲に移動する種や、定期的に陸や海を越えて季節移動する種もいる。大ざっぱな目安として、餌の種類が多岐になればなるほど、一箇所に留まって伴侶と長期の関係を結ぶ確率が高い。ひるがえって、餌が特殊化すればするほど、それを追ってあちこち移動しがちで——人間の遊牧・狩猟民族が動物の群れを追って移動するのと似ており——伴侶とは繁殖期に比較的短期の関係を結ぶだけだ。

フクロウ全種のうち、厳密に〝夜行性〟と言える（すなわち、日暮れから夜明けまでのあいだしか狩りを行なわない）のはわずか四〇パーセントほどで、ほかの多くはまだ明るい夕方と真っ暗な夜中のいずれにおいても活動する。極北の盛夏の〝白夜〟に適応した種にかぎらず、それなりの数の種が白昼に狩りを行なう。フクロウの多くは、狩りにおいて〝止まり木から不意打ち〟の手法をとる。監視場所で気長に待ちつづけ、眼下に獲物を見つけると急降下して殺すのだ。とはいえ、種によっては（とくに日中や夕暮れ時に活動する種は）タカやハヤブサ同様に空中から狩るし、獲物を追って地面を走りまわる種もいる。

具体的な食餌内容は、昆虫（ただ〝這いまわる気持ち悪い虫〟とだけ認識されている虫も含めて）から蠕虫《ぜんちゅう》やナメクジなどの無脊椎動物、ヘビ、甲殻類、カエルなどの両生類、さらには大小の齧歯《げっし》動物にウサギ、ネコ、イヌ、キツネ、ときには若ジカまでと、じつに多岐にわたる。多くは日常的に、スズメからアオサギにいたる多様な大きさの鳥類を狩る。海岸地域では、オオトウゾクカモメといった危険な捕食者仲間に襲いかかることさえあり、北部の森林では大型のフクロウが頻繁に小型のフクロウを狩っている。アフリカやアジアのフクロウには魚の捕獲に特化した種もいて、シベリアや中国北部の河川地域では、シマフクロウがサケやカワカマスのような大型魚に飛びかかることもめずらしくない。

特定の種のフクロウが補食する餌の種類は、縄張り内で獲物の種類が変化する周期に応じて変わる。この周期は数年単位で生じ、フクロウの雛の数、ひいては生息密度にも影響をおよぼす。

イギリス本土には通常、五種類のフクロウが定住している。個体数の多いほうから順に、モリフクロウ、コキンメフクロウ、メンフクロウ、コミミズク、トラフズクだ。加えて、純白の大型種であるシロフクロウが夏にシェトランド諸島で繁殖することが知られているが、年によっては、スカンジナビアの亜北極の行動圏から冬季にスコットランドを訪れるだけのときもある。それぞれの種が占める生態的地位には、いちじるしい相違がある——生息環境や一日の行動時間はとくに顕著で、獲物の好みもかなりちがう。おかげで、互いにあからさまな競争にさらされることなく共存しうる。

コキンメフクロウとメンフクロウについては、すでに簡潔に述べた。近接種で数が少ないコミミズクとトラフズクは、イギリスの南部や東部では見られず、もっぱら北部および西部に生息している（耳に見えるのは、じつは頭から飛び出したただの羽毛の房で、個体識別と合図のために使われ、機能としては本物の耳とはなんら関係がない)。いずれの種も個体数は嘆かわしいほどわかっていないが、イギリスにはおよそ三五〇〇組のコミミズクのつがいがいると言われ（つまり、メンフクロウよりもやや少ない）、トラフズクにいたっては一〇〇〇組を下まわる。いずれも渡りを行なう種で、秋から冬にかけては、スカンジナビアから飛来する個体がいるおかげで、コミミズクの数が増える。季節移動するフクロウは、行動圏に留まる種にくらべて単独で行動する習性がさほどない。いずれの種も――繁殖期をのぞけば――縄張り意識が弱く、単独性が強いモリフクロウ、コキンメフクロウ、メンフクロウよりも群居を好む。トラフズクの小さな群れが秋にスコットランドから南や西へ渡り、冬季に集団でねぐらにつくのが確認されている。獲物が豊富であるかぎり、コミミズクは相互にごく近接しあって生活することをいとわない。

これら二種のフクロウは、大きさも色彩もだいたい似ているが、生息環境と生活様式は大きく異なる。コミミズクは開けた荒れ地や草地や湿原に生息し、地面の上または地上付近で営巣して大半の時を過ごす。翼が比較的長くて、目は淡黄色。日中と黄昏時に空中から狩りを行なう。かたやトラフズクは完全な夜行性で森林地帯に生息し、とくに針葉樹林でよく見かけられる。翼は比較的短くて幅が広く、目はオレンジ色、縄張りの森の境界に沿って空中から狩りをする。イギリスではもともと個体数が少なかったとはいえ、以前は広範囲に分布していたのが、二十世紀にいちじるしく減少した。いっぽうで、大きさと色彩は同じだが生息環境への適応性がはるかに高い種のフクロウが、彼らの縄張りに入りこんできた。*Strix aluco*、すなわちモリフクロウだ。

古生物学と動物学についての講義は、このくらいにしておこう。だけど、〝社会学〟についてはどうなのか――歴史的に見て、ぼくたち人間はフクロウにどんな感情を抱いてきたのだろう?

フランスの洞窟に描かれた古代の絵画や世界じゅうに残された絵から、人類のフクロウとの意識的なかかわりは数万年もの昔にさかのぼることが確認されており、また、フクロウはほかの鳥よりも神話や民間伝承に数多く登場する。困惑させられるのは、ぼくたちが彼らに対してつねにきわめて相反する感情を抱いてきたことだ。人間はフクロウの現実あるいは想像上の資質に敬意を抱くと同時に、迷信めいた恐怖の目で彼らを見ている。

人間とフクロウの実際的なかかわりは、もっぱら良好だ。ほぼ歴史を通じて、ぼくたちはフクロウを食糧争奪戦の相手とみなしてこなかった――それどころか、自分たちに役立つ存在と認識してきた。一万年前に農業が誕生して以来、その意味するところは圧倒的に穀物の栽培であるが、穀物畑の持ち主にとって齧歯動物はつねに悩みの種だった。彼らは実った作物を略奪し、貯蔵穀物を汚染して病気を広げてきた。ネコよりも多面的な才能に恵まれたフクロウは、自然界最大の齧歯動物の殺害者であり、フクロウが周辺に何羽かいれば農家には明らかに利益があった。ヨーロッパ北部の一部ではいまも、畑に彼らのためにとくに設置された止まり木や、メンフクロウが営巣しやすいように穴を穿った〝フクロウ板〟が切り妻に設けてある伝統的な家屋が見られるし、こうした民間の知恵が法的な保護によって強化されている国も何カ国かある(従来、捕まえたフクロウを囮にして、〝疑攻撃《モビング》〟に来た鳥を捕獲網や鳥もちに誘いこむ手法も用いられてきた)。

ところが、良識では役立つことが認識されていながら、人間のフクロウに対する感情には、迷信のほうがはるかに大きな力をおよぼしている。肯定的な側面を述べると、西洋やほかの一部の文化では、フクロウは知恵と結びつけられている(ただし興味深いことに、インドの民間伝承ではまるきり逆の評価がなされてきた)。ヨーロッパの人間は昔から、日中じっと動かないフクロウの粛然たるさまに感銘を受けてきた。これほど多大な時間を黙って孤独に過ごす動物は、なんであれ深い思索にふけっているにちがいないと考えたのだ。かくして、すべてを目撃していながら何も言わない〝年老いた賢いフクロウ〟像が誕生した。古代ギリシア人は、地中海沿岸の国々でよく見かけるコキンメフクロウを知恵の女神パラス・アテーナーと結びつけた。この女神の描写や文学的暗喩にはフクロウのイメージがしばしば含まれ、彼女を守り神として奉じていたアテネの硬貨には、コキンメフクロウが刻まれてさえいる。もう少し遠くに目を向けると、モンゴルやタタールといった文化でも、フクロウが好意的に崇められた。アメリカ先住民の一部は呪医の魂がフクロウに乗り移っているものと信じたし、オーストラリア南部では、アボリジニがフクロウを女性の守護霊とみなしていた。

中世ヨーロッパにおいては、識字能力と学問がほぼ教会の領域にかぎられており、また、フクロウは教会の塔にしばしば巣を作ることから、聖職者とフクロウがよく結びつけられるようになった。ギルフォードのジョンによる十二世紀のイギリスの寓意物語『フクロウとナイチンゲール』には、メンフクロウとモリフクロウが登場する——それぞれ〝金切り声をあげるフクロウ〟と〝わめくフクロウ〟だ(ちなみに、十三世紀はじめに挿絵入りの『アシュモールの動物寓話集(*Ashmole Bestiary*)』を著した人物は、メンフクロウとおぼしき動物について「ふさふさした羽毛に覆われ、余りある肉と明晰な思考の持ち主」と論評したことで、歴然と無知をさらけ出している。フクロウの肉は〝余りある〟とはおよそ言いがたい)。アーサー王の伝説物語では、魔法使いのマーリンが肩にフクロウを一羽乗せている。また、フクロウがつねにじっとうずくまり、外套を思わせる羽衣をまとって、大きな目が羽毛に囲まれていることから、のちの人々はめがねをかけた学者か教師を思い浮かべた——堅苦しい威厳と浮き世離れしたさまを嘲笑されることがあるとはいえ、学識の深さでは尊敬されている存在だ。

迷信的な社会ではどこでも、フクロウの肉体の部位が〝共感呪術〟を召喚する儀式や秘法に用いられており、単純明快なものから奇想を凝らしたものまで多岐にわたる。アメリカの南西部で、アパッチ族の戦士が戦用《いくさ》のかぶり物をフクロウの羽根で飾った理由は容易に理解できる。音をたてずにひそかに狩りを行なう能力を呼び起こすためだ。もっと身も蓋もない露骨な手法として、夜間視力が改善されることを期待してフクロウの目を食べる人たちもいた。イギリスでは、ヨークシャーでフクロウのスープが百日咳を治すとされたし、近代に入ってからも、この〝厳粛な〟鳥の卵を子どもに食べさせれば、将来酔っ払いになるのを防ぐという迷信が唱えられていた（この点でもまた、インドの民間伝承は独自路線をいく。インドでは、フクロウの肉は催淫剤になるとされていたのだ）。

民間伝承にはフクロウに対する尊敬と恐怖の入り交じった感情が反映されているが、後者の度合いのほうがかなり大きいように見える。悲しいかな、フクロウについては、いつの世も否定的な心象が肯定的な心象をはるかに凌駕してきた。これはおそらく、夜に関連があるせいだろう。人間にとって夜とは、視界が利かず、現実あるいは想像上の恐怖に直面してもなすすべがない状態を意味する。夜は亡霊や悪霊が戸外をうろつく時間であり、ひいてはこの時間を見るからに支配する生物は闇の力の仲間であるにちがいない、というわけだ。

ヨーロッパでは、ほんの数世紀前まで、フクロウは魔女の邪悪な使い魔とみなされていた。たとえば、一六一八年にレスターシャーで〝ビーヴァーの魔女〟三名の裁判が執り行なわれたが、そのようすを伝える『故事民俗誌（*Book of the Days*）』には、魔女のひとりジョアン・ウィリモットが肩にミミズクを乗せた木版画がある。とはいえ、フクロウに〝悪とのパイプ役〟という濡れ衣を着せた事例は、魔女の共犯者に仕立てあげたことだけではない。太陽の光から身を隠し、昼行性の鳥から常習的に〝いじめ〟――つまり、疑攻撃《モビング》――を受けている鳥は、どんな種類であれ、いにしえの罪を背負っているはずだ、と考えられていた。旧約聖書において、フクロウは忌みきらうべき生物であり、廃墟に生息するせいで、おぞましくも人類の希望の崩壊と虚栄心を暗示させるものとみなされている。「もはや、だれもそこに宿ることはなく……かえって、ハイエナがそこに伏し／家々にはみみずくが群がり……その城郭は茨が覆い／その砦にはいらくさとあざみが生え／山犬が住み／駝鳥の宿るところとなる」（イザヤ書一三章二〇～二一節、三四章一三節、新共同訳）

魔術的な力と結びつけられたこと、営巣場所が暗くて不気味なことの延長線で、フクロウは――ほかの何よりも――不吉な生き物となり、不運と死の先触れとされた。奇妙な話だが、古代ローマ人はギリシア文化に多大な敬意を払い、女神パラス・アテーナーを自分たちの女神ミネルウァと同一視していたにもかかわらず、その女神を象徴する鳥に対しては圧倒的に否定的な感情を示した（ところが、どういうわけか、フクロウの絵は邪悪な目に対抗しうるともされていた）。大プリニウスの『博物誌』には、動物に関して、あるいはその体の部位を用いた治療薬に関して、とんでもない戯言が滑稽なほど満載されている。彼の無知を例示すると、たとえばフクロウには視覚障害があると信じていたし、また、フクロウが超自然的な悪の力を持つという軽はずみな思いこみもそこかしこに散見される。彼の社会では、公的な決定がくだされる前に鳥占いが行なわれ、卜占官が鳥の行動を解釈したが、〝フクロウ〟はこの時点ですでに魔女を意味する俗語となっていた。「金切り声をあげるフクロウは必ずや重大な報せの前兆であり、公のことがらの予知において何よりも忌まわしく呪われた存在である」と、プリニウスは断言している。彼にとって、フクロウは「まさに怪奇な夜の生き物」であり、これを目にすることは「恐ろしい不幸の予兆」だった（とはいえ、紀元七九年にヴェスヴィオ山の噴火を調べる目的で死出の船旅に赴く前、彼がその鳴き声を耳にしたかどうかは歴史の記録に残されていない）。

シェイクスピアはこの古代ローマの迷信を『ジュリアス・シーザー』に響かせ、〝不自然な日中の出現〟をもって、この独裁官の暗殺を予示している。「……夜の鳥であるフクロウが、／真昼間だというのに広場におりてきて、／やかましく鳴き立てていた」。また、マクベス夫人はフクロウのことを「最後のおやすみを告げる／不吉な夜番」と呼んでいるし、『夏の夜の夢』には「……鋭くフクロウども鳴いて、／瀕死の床に臥す人も／思い出すのは死の衣」、『ヘンリー六世』には「おまえが生まれたときフクロウが鳴いた、不吉な前兆だ」とある（いずれも小田島雄志訳）。同時代のオーストリアの文献では、フクロウは「死の鳥、罪の象徴」と描写されており、さらに十六世紀には、エドモンド・スペンサーもフクロウを「恐ろしき死の使者」と呼んだし、ロバート・ジョーンズは「来たれ、憂いに沈んだフクロウ、悲しみの使者／陰鬱な鳥、絶望の友よ」と綴っている。実のところ、イギリスの詩人たちは、十四世紀の（フクロウを「災いと不幸の予言者」と呼んだ）ジェフリー・チョーサーから二十世紀のエドワード・トマスやローリー・リーにいたるまで、この罪のない有益な鳥についてこぞって、ゆゆしくも否定的な見解を示してきた。また、一八〇八年刊行の書物では、夜の狩りはスポーツマンシップに反すると訴え、愚かにもオリヴァー・ゴールドスミスが、なんとフクロウを「夜行性の盗人」と呼んでいるのだ！

田園地帯の住人は、何世紀にもわたってほぼ普遍的に、ある家の屋根の上、いや近辺であっても、フクロウが鳴いていればその家にもうじき死者が出る兆候だと信じてきた（〝そして、死にゆく魂への挽歌を歌う〟――トマス・ヴォーター、『サフォークのやさしいフクロウ（*Sweet Suffolk owl*）』一六〇〇年）。この発想はおそらく、自然な死は夜に起きるという単純な事実から生まれたものと思われる。中国人はさらに一歩進めて、フクロウは死に瀕した人間の魂を奪っていくと信じていた。また、あるアラブの言い伝えによると、殺害されてまだ恨みを晴らしていない魂を具現した姿がフクロウで、血を求めて鳴いているのだという（もっと身も蓋もない事例だが、ウェールズでは、一般的に夜に起きるべつのできごとをフクロウが予示するとされる。いわく、乙女が処女を失おうとしていることへの警告なのだそうだ）。

こうした考えの大半は、家族構成にあからさまな不快感を示されて、ぼくがけんか腰に（「で、フクロウの何がいけないっていうのかな、きみは？」とかなんとか）詰め寄ったときに、答えとしてもたらされてもおかしくはない。だが当然ながら、マンブルの祖先が不当な言いがかりをつけられたことや、マンブルの仲間であるフクロウたちが、たとえ理由は多少変遷していようと今日なお誹謗中傷されていることに、ぼくは憤慨を覚えずにいられない。

もっと前の時代、人類が捕食性の猛禽類とじかにかかわって家畜を盗られたりわが子の命を脅かされたりしていたころには、彼らに敵意を抱いたとしてもうなずける。孤独な森林開拓地の小屋に住み、小さな家畜の群れに頼って生きている状況下では、オオカミやワシに〝疑わしきは罰せず〟を適用するのは無理というものだ。

現代では、ぼくたち人間の大半が自然界の抑制と均衡を本能として理解できなくなり、生物界のごく単純な事実に子どもじみた反感を覚える人も増えてきた。スーパーマーケットのビニールパックされた肉切れが生きたウシとは結びつかないことを思えば、普遍的な生活環において捕食動物が不可欠な役割を果たすことを認識できない人が多くても驚くにはあたらない。たとえば、猛禽類の飛翔を眺めて楽しむ人たちですら、獲物に飛びかかる姿を目にすると、その〝残酷さ〟に軟弱な憤りの叫びをあげ、小さな命が弱々しい悲鳴を漏らして絶命するさまを頭に浮かべる。

とはいえ、フクロウは猛禽類でありながら、この点に関してはおおむね非難を免れているようだ。なにしろ見かけが愛らしく、殺害用の爪をふわふわした羽毛の下に隠し、たいていの人が眠っているときにだけ自然の営みに従事するのだから（映画『ハリー・ポッター』に出てくるフクロウは、親切にもホグワーツ魔法魔術学校の食卓にメッセージを運んでくるが、そのフクロウ自身が食事の時間に何を食べているのか、観客が考えを巡らせることはめったにない）。そのうえ、ほぼ完全に都市化した西欧社会では、野生のフクロウに遭遇する機会はごくまれだ。いまやイギリス人のほとんどは町や市に住んでおり、巡回中のメンフクロウの白い姿が亡霊さながら音もなく急降下してきて、血も凍るような金切り声に驚かされる、という経験は一度もしていないだろう。

ところが、迷信がしだいに消えていっても、怪談話へのぼくたちの感受性はいささかも衰えていない。日が暮れたあとに理性的な思考が働くとはかぎらず、〝廃墟や墓場に住まう狩人〟にして〝死や不幸を伝える羽の生えた使者〟についての民俗的な記憶がよみがえってくるのだ。メンフクロウよりもはるかに穏やかなモリフクロウのホーホーという鳴き声ですら、夜のいなか道を歩き慣れていない人が暗い森を散歩中に耳にすると、首筋の毛が逆立ってしまう。死者を悼むような鳴き声に孤独感を煽られ、暗闇のせいで未知の危険が近づいてもわからないことへの無力感が増すのだ。

当然ながら、一九七八年五月の土曜の午後から、この鳴き声に対するぼくの反応はがらりと変化した。ある夏、マンブルがぼくの人生から消えたあとのこと、ちょっとした好奇心から、友人とともにハンプシャーのイチイの古代林で寝ることにした。幽霊が出現するという風説で悪名高い森林だ。聞くところによると、一〇〇〇年前のヴァイキングとウェストサクソン人の戦いで亡くなった人たちが眠る集団墓地らしい。チチェスター近辺で育った友人の話では、地元の子どもたちは勇気があるならここを歩いてみろと互いにけしかけていたし、また、ある植物画家は思いがけず遅い時間にここを歩くはめになったときにパニックを起こしたそうだ。異常なまでにイチイが生い茂ったこの自然公園の管理人も――とことん現実的な野外活動家であるにもかかわらず――太陽が地平線の下に沈んだら近づかないようにしているという。闇に覆われたあとは、邪悪な空気がひしひしと感じられるからだ。

こうした不吉な評判にもかかわらず、ウィルとぼくはさしたる興味深い体験ができるとは期待していなかった。それでも、ぼくたちは最寄りのパブで夕べを過ごしたあとで、寝袋と水のボトルを携えて森に入り、裂け目のある古い樹幹と地面を掃きそうな低い枝に囲まれて腰をおろした。イギリス国防義勇軍で長らく小銃兵を務めたウィルは、腰が収まる小さなくぼみを手際よく掘ると、愛用の〝緑のナメクジ〟にするりと入って、数分も経ずに軽いいびきをかきはじめた。ぼくは不自由な戸外生活にさほど慣れていないせいで、横たわってもしばらく眠れず、そよ風とときおりぱらつく雨のかすかな音に耳を澄ました。残念ながら、神経アンテナをぴんと張りつめても、ぞくぞくする感覚は何ひとつ引っかからない。ついにまぶたが重くなったとき、ふいに訪れた――二本ほど離れた木の上から、モリフクロウの震える鳴き声が。ぼくは寝返りを打ち、子どもみたいに安心しきって、幽霊狩りに来た自分はなんて愚かなんだと思いながら眠りについた。ぼくの世界では、モリフクロウが近くにいれば、どんな邪悪な存在もあたりをうろつけない。

第3章

七階の隠れ家

孵化後およそ三〇日の〝マーマイト・サンドイッチ〟をウォーターファームから連れ帰ったのは、一九七八年五月の最終週のことだから、この子はおそらく四月下旬に孵ったはずだ。ぼくのフクロウにだって、女王陛下と同じく、公式の誕生日があったほうがいい。ぼくはフランス外人部隊の英国戦友協会とつながりを持っていたので、独断により、めでたい四月三〇日に誕生を祝うことに決めた——この日は当部隊の勇敢さを称える〝キャメロン・デイ〟で、ぼくはどのみち毎年パーティに参加するだろうから。

ぼくのフクロウの法的な身元は〝39 RAH 78 U〟で、ふさふさした左の足首に装着された黄色いプラスチック製の環に、黒い文字でそう刻印してある。〝マンブル〟という名前がふと頭に浮かんだのは、この子が自分自身やぼくや世界全般と静かに会話するさまに数日ほど耳を傾けたのちのことだ（ここで強調しておきたい。本書の話はすべて、アメリカの大手アニメ映画会社がタップダンスの得意な架空のペンギンに同じ名前をつける三〇年ほど前に起きたものだ。いっぽうで、かすかな疑惑は拭いきれないが、ハリウッドの人間がぼくのフクロウに会ったという記憶もない）。

マンブルを家に連れ帰る前、ぼくはバルコニーにあるウェリントンの古い鳥小屋をきれいに掃除し、しばし考えたあとで、キッチンの窓に面した調理台に屋内用のかごを作製した。どんな日常を送ることになるのか見当がつかないが、ウェリントンと過ごした経験から、室内の配置にそれなりの自由度を設けておいたほうが賢明だと思ったのだ。そこで、コンポスト容器を作るキットに手を加えてみた——針金格子とプラスチックで作られた幅広のメッシュパネルを、スナップ式のゴム製クリップでくっつけたものだ。結果として、風通しのよい一立方メートルの箱ができ、短く切った枝を二本、奥のふたつの角に渡して、床には例によって分厚い新聞紙のじゅうたんを敷き詰めた。

マンブルはけっしてひもにつながないと心に決めていたし、マンションの室内でできるだけ長く自由に過ごしてほしかった——少なくとも、廊下とバスルーム、キッチン、リビングにおいては（良識に基づき、寝室と書斎からは遠ざけるべしと判断した。とはいえ、ときおり意志薄弱になって、マンブルの爪に丸めこまれてしまうことがあった）。鳥に用便のしつけをすることは不可能だから、あきらめの境地で自然の粗相を受け入れるほかない——要するに、そこらじゅうでフクロウの糞を目にするわけで、その状態に慣れなくてはならない。

モリフクロウはメンフクロウにくらべてきれい好きな鳥で、自分の巣を汚すことはほぼない。裏を返せば、止まり木にいるあいだは遠慮なく糞を落とすわけだ。一箇所で排便するよう覚えさせることはぜったいにできないが、その気になるような快適な設備を提供してみる価値はある。そこで、大きな〝トレイパーチ〟をこしらえた。スーパーマーケット裏手のゴミ捨て場で見かけた巨大なパン用トレイに、頑丈なL字形の枝を立てて、全体に新聞紙をたっぷり敷き詰め、窓の景色が眺められるリビングの小さなテーブルに据えたのだ（すでに忘れられてしまった営業上の理由から、このパンのトレイには大胆にも〝完全無欠〟という単語が片側に印刷してあった。マンブルがこのキャプションの真上に満足そうに止まったさまは、いかにも悦に入った恰幅のいい高級官僚を思わせた）。

とはいえ、できることなら高い場所にいたがるのはわかっていた。おそらくお気に入りの止まり木は半分開いた扉の上になるだろうから、周辺の床を新聞紙で覆ったほうがいい。加えて、薄いビニールシートをぐるりとテープで貼り、糞のしぶきから壁を守って、ひとり暮らしではめったに使わない家具類も保護することにした。この日常的な作業はかなり面倒だったが、野生生物と同居しようと思ったら避けられない代償だ。

また、隣人のリンをふたたび協力者として勧誘する必要がある。なにしろ、マンブルは彼女の寝室の窓からわずか一メートルほどのバルコニーで多くの時間を過ごすことになるのだ。ぼくが歌好きの同居人を迎える計画をためらいがちに説明すると、リンは驚くほど好意的な反応を示した——そして以降も、マンブルがときおり口ずさむ小夜曲《セレナーデ》をずっと笑顔で我慢してくれた。数カ月後、彼女は引っ越してマンションを転貸したが、理由はフクロウに嫌気がさしたからではなく結婚のためで、のちの住人ふたりも同じ寛容さを受け継いでくれた（うちひとりは、ぼくの古くからの友人にして、仕事もよく一緒にしたイラストレーターのジェリーだが、この件についてほかに選択の余地はほとんどなかった。というのも、風変わりな賃貸条件があらかじめ説明されていたからだ）。

このように可能なかぎり準備を整え、冷凍庫に大量のヒヨコを詰めこんだうえで、ぼくはウォーターファームから新しいフクロウを迎え、見咎められることなく、ぶじにこっそりと自分の部屋に連れてあがった。一九七八年五月末、ぼくたちは実験的な同居を開始し、ウェリントンのときよりはるかに満足のいく関係をたちまち結んだのだった。

マンブルを〝懐かせる〟ことには、まったく苦労しなかった——はじめて会った瞬間から人馴れしていたのだ。興味津々で部屋を探検し、足で歩いたり、ぴょんと大きくジャンプしたり。朝、出勤前にバルコニーの鳥小屋へ移さなくてはならないときも、たいていは段ボール箱かバスケットにすんなり入ってくれて、そのまま外に運び出せた。どうやらこの宿舎が気に入ったらしく、ぼくが〝二連往復動フクロウ弁《バルブ》〟

をくぐって鳥小屋の外に出たときはもう、たいてい巣箱にまっすぐ消えている。夜、帰宅後に迎えに出たときは、やや長めの起床手順を踏んでからでないと愛想よく捕まえさせてくれなかったが、リビングで解放されたらすぐに申し分なくご機嫌になった。

狩りの訓練に餌やりを利用する必要はなかったので、夜自分が寝る前にヒヨコを与えることにした――フクロウが相手の場合は理にかなっている。ウェリントンのときと同じく、食事時にしか吹かない特別の口笛を必ず吹くようにしたところ、ウェリントンのときとはちがって、マンブルは二、三夜ですぐに理解した。ときには、口笛を吹く必要すらなかった。冷凍庫が開いてビニール袋ががさごそ鳴ったら食事だと察し、たちまち飛んでくるのだ。そこでヒヨコをキッチンの夜用鳥かごに放りこみ、マンブルが餌を追ってぴょんと入ったら扉を閉め、あとはたいてい電気を消してひとりで過ごさせた（気分によっては〝独房にぶちこまれる〟のをきらう夜もあり、そんなおりはマンブルがさんざん散らかして食べおえると、扉をまたあけて夜のあいだ自由に過ごさせた）。

朝、ぼくが目を覚まして夜用のかごから解放されるのを待つあいだ、マンブルは〝寝室のじゅうたん〟である新聞をずたずたに裂いては、かごの外に断片を落とすのを楽しみ、下のリノリウムの床に吹きだまりをこしらえた。おかげで、これらを掃いてかごの敷物を取り替える作業がほぼ日課となった。何かを引き裂くのはどうやらお気に入りの遊びらしく、しかもマンブルは飽くなき好奇心の持ち主ときているので、じきにぼくは、壊れやすいものはあたりに置かなくなった。

室内での放鳥時に餌やり以外の理由でそばに来させたかったら、視線をとらえて自分の肩を指でぽんぽんと叩くと、すぐさま跳び乗ってきた――というか、たいていは跳びおりてきた。マンブルはこのマンションに来てほどなく、家具の出っぱりづたいに、あけ放ったリビングの扉の上に乗れるようになった。そこからだと、遮るものがなく部屋全体を見まわせるので、たちまちお気に入りの止まり木と化した。週末、一日じゅう室内で自由に過ごせるときは、何時間もその扉の上で気持ちよさげにまどろんだ（昼寝から目覚めると、たいていは小さなくしゃみをして――〝ぷしゅんっ〟――頭を振り、二、三回嘴をかちかち鳴らした。まだ少し眠いときに腕に乗せると、信頼しきったようすで手のほうまであとずさるが、その足取りはどことなく階段をよたよたおりる酔っ払いを思わせた）。

マンションに来たその日から、マンブルは巣立ち雛の〝活動範囲の拡張〟行動に勤しみ、とくに、ありとあらゆる戸棚や片隅や隙間に魅了された。段ボール箱や買い物袋をあたりに転がしておくと、冒険好きな仔ネコよろしく入りこんで、ときにはしばらくなかで過ごし、卵を抱いたニワトリみたいにぺったり腹をつけて頭をうしろに回していることがあった。また、廊下の細長い衣装戸棚の引き戸をほんの少しでもあけておいたら、すぐさま低い歌声か、あるいは――マンションへ来て二、三週間のちには――フルートの音に似た鬨《とき》の声が聞こえてきた。大きくはないが執拗に続き、奥のほうで反響する。〝ウォォォ……ウォォォ……ウォォォ〟（この声は、子ども時代に〝カウボーイとインディアン〟ごっこをしたとき、口を手で叩いてたてる音を思わせた）。衣装戸棚の暗闇のなかで、マンブルはぶらさがったコートや上衣の肩から肩へと渡り歩き、いちばん奥へと向かう。ひょっとして、この鳴き声をたてるのは、暗がりの穴にすでにだれかほかの鳥がいないか本能的に確かめているのだろうか。見たところ、何かからの隠れ場所を探しているというより、ただ活動的な探検を楽しんでいるようすだ（種によっては、地中の穴を隠れ家として利用するフクロウもいるが、モリフクロウではそうした事例を聞いたことがない）。

ある日、よく出入りする場所のどこにも姿がなくて心配しはじめたとき、くぐもった呼び鳴きが聞こえたので、キッチンに入って膝をつき、壁ぎわのテーブルの下をのぞきこんだ。すっかり忘れていたが、石膏ボードの壁に水栓用の穴が隠されていたのだ。幸いにも穴が小さすぎて、驚くほど縮まるフクロウの体でも入りこむことはできないが、マンブルは頭をそこに突っこんで、分厚い壁のなかに単調な歌を響かせていた。数分のあいだずっと、暗闇に向かってホーホー鳴いては、頭をぐにぐに上下させたりかしげたりしている。まるで、応答がないか耳を澄ましているみたいだ。はたして小さな害虫か害獣が逃げ出す音に好奇心をそそられたのか、それとも、例によっておもしろそうな暗がりに関心を示しただけなのか、結局はわからずじまいだった。

日記からの抜粋
一九七八年七月二五日（孵化後三カ月）

成長しても人懐こさは変わらないようだが、大きな音には驚いて、たまにぼくの肩に飛んでくることもある――たとえばテレビの銃声とか、ラジオのチャンネルを変えたときに響く大きな音楽とか（トマス・タリスやリンダ・ロンシュタットはまんざらでもないが、ストラヴィンスキーやストーンズはあまりお気に召さないらしい）。また、客が会いに来たときにも愛想よく応対する。このあいだ［ぼくの友人の］ベラがお茶に来たときも、あのかわいらしさで［彼女の娘たちを］すっかり魅了した。なにしろ、すぐ近くに座られても動じず、ふわふわの胸をなでさせたのだ。女の子たちは満足そうに〝ああ〟と声をあげ、ぼくにできるのはただ、彼女たちが手を伸ばして腕に抱こうとするのをかろうじて止めることだけだった。

驚くほどの速さで成長しているが、いまなお、ぬいぐるみのように見える。ただし、ぼろぼろに擦り切れた感じで、減りつつある綿毛のつぎはぎから体羽《たいう》がつんつん突き出した状態（いたるところで綿毛の小さな塊が見つかる)。色彩は数週間前よりもはっきりしてきた。顔盤も、小さな暗褐色の羽毛がうしろ向きに生えてくっきりし、白く縁取られた暗褐色の線が目のあいだを下方向に伸びている。頭頂はまだ薄灰色の綿毛に覆われているが、頭をかがめるとそれがぱっくり割れるし、少しずつ後退してもいる。じきに、首のうしろの部分だけになるだろう。

ほかの部分は、羽があちこちから出てきて、全身を覆いかけている。まずは翼と尾から始まり、それから背中、次に胸と顔の縁、そしていまは頭だ。生後一〇週間ごろから、胸はアーミン模様になった――ふわふわした白い羽の真んなかに暗褐色の筋が入ってきた――が、下のほうはまだ、灰色の綿毛状のペティコートをつけている。

孵化後およそ11週のマンブル。翼と尾の羽が完全に生えそろい、胸の毛にアーミン模様の気配が出てきたが、まだ体の下部と頭のうしろはふわふわの綿毛だ。いつもどおり、生き生きとした好奇心あふれる表情をしている。

ここに住んでから二カ月のあいだに、飛ぶ能力は着実に向上し、静かだが力強い正確な長距離ジャンプを脱して、地点Aから地点Bへと意図的に飛べるようになった。早くもマンションに来た初日には、ひじ掛け椅子の背もたれからえいやっと跳んで、リビングの扉の外に出たかと思うと、廊下の端を渡って反対側の開いたキッチン扉をくぐり、キッチンテーブルに着地することができた――ゆうに三メートル半の跳躍距離だ。ここに来て五週めには、数地点をめぐるかなり複雑な巡回ジャンプをものにし、ほんのわずかだが宙に浮かぶことさえできた。だが、着地はいまだお粗末だ——ろくにコントロールできず、どすんと不時着する。

このノートを手にしてリビングに入ったときには、ひじ掛け椅子の背もたれにおとなしく止まっていた。ぼくが椅子に座ると、頭にぴょんと乗って髪の毛をつつきはじめた。それから横手のコーヒーテーブルに跳びおり、さらに右側のひじ掛けに跳んで、ぼくのひじのすぐそばに来た。そして、いまもそこにいる——ぼくが動かすペンから一五センチほどの距離に、あからさまに魅了されたようすで。やがてそっと右足を持ちあげ、軽くだが確実にセーターの手首の部分をつついたあと、身をかがめて嚙みはじめたが、心はそこにあらずだ。頭をゆっくり上下左右に振りながら、目は着実にペンを追っている。

一分おきくらいに書く手が行端に達してすぐ近くに来るたびに、マンブルはぼくの手かペンかページの端をそっと嚙む。それから自信を失ったようすで、パンチを食らった年寄りボクサーよろしく爪でぼんやり宙を搔く。ときには、手首に乗ってしばらくそのままでいる。おかげで文字が書きにくい。たまに関心を失って頭をぐるりと回転させ、まっすぐ上を見あげるか窓の外を見つめることもあるが、たいていはペンの動きに集中しつづける。いま、ぼくの手首からコーヒーテーブルに跳び移り、ぶわっと羽を膨らませてしばし片脚立ちになってから、おもむろにぼくの立て膝に戻ってきた。そしてノートの端が体にあたると、小声で文句を言う。「キュウ……キュウ」

ボキャブラリーも変化しつつあるようだ。最初の二週間ほどは、一音の甲高い声か低いつぶやきだった。どうやら鼻孔をつうじて音を出すらしい。というのも、嘴をほぼ、あるいは完全に閉じて、喉の羽毛を膨らませているからだ。ほかに出していた音は、むっとしたり苛立ったりしたときの早口のさえずりだけ——嘴をかちかち鳴らしながら声高な確固たる声をあげるかと思えば、ときには低く不機嫌な声でつぶやく。ところが、この二カ月あまりで出せる声の幅が広がり、さびた門のきしみ音みたいな割れた二音や、ごくまれにだが、揺らめく長い口笛音を出すこともある。どうやら、おとなの鳴き声をひととおり練習しているようだ。

この週末には、ピーターズフィールド〔姉の家〕に出かける予定で、マンブルも連れていく——夜はあずま屋でじゅうぶん快適に過ごせるだろう。

一九七八年七月三〇日

ヴァルの家での週末は順調に過ごせた。まずは車の後部座席を折りたたみ、前部座席の背もたれからうしろのトランク部分にかけてビニールシートで覆った（運転中は、ぼろぼろの古い野戦用ジャケットを着ることにした。多少なりともまともな服を着ているときに、肩のうしろをフクロウの糞だらけにしたくはない）。マンブルは仮の宿泊小屋にすっかり満足し、屋内に連れて入ると家族に体を触らせた。〔甥の〕グレアムの肩に乗っているあいだは、あの子よりも冷静だった——それも無理はない、グレアムにとってははじめての経験なのだから。

日曜の夜に帰宅する車中で、マンブルはときどき、しばらく助手席の背もたれに止まってはビニールシートの上にすとんと戻って、リアウィンドウから外の景色を眺めた——ヘンデルのコラール『司祭ザドク』の出だしがラジオから大音量で流れてきたときにも、この一連の動作を行なった。だが道中のほとんどは、運転席の背もたれに乗ってぼくの首のうしろに陣取り、横を眺めたり、ぼくの頭越しに前方をのぞき見たりしていた――ひと声も発さず、物静かに、しっかり安定を保って。ときどき、親しみのこもった温かい刺激が感じられた。マンブルが向きを変えて、眠気を催した子どもみたいにぼくの頬や耳に頭を押しつけてくるのだ。信じられないほどやわらかい。そのせいか、ふと、感覚的な記憶がよみがえってきた。五歳のころバスルームに忍びこんで、アナグマの毛で作られた父親のひげそり用ブラシを試してみた記憶だ。

帰宅して地下の駐車場に着くと、エレベーターであがるために段ボール箱に入れ、口のあいたほうを胸に押しつけるようにして抱えた（いまもまだ、こっそり連れて出入りする際に箱を使っている。というのも、エレベーター内でだれかに遭遇した場合、バスケットよりもばれる恐れが少ないからだ）。今回、マンブルは箱に戻されるのを断固いやがり、上に運ばれていくあいだずっと、翼をなかば広げて蛾みたいにぼくの胸にしがみついていた――とはいえ、幸いにも、いままでエレベーター内では一度も鳴き声をあげたことはない。部屋に入って、ぼくが手の力をゆるめたとたん、広がった隙間からひげ面を突き出し、体をよじるようにして出てくると扉の上の止まり木へ飛んで、ぶるんと体を震わせて羽毛を立たせ、恨めしそうな視線をよこした。

マンブルが椅子の背もたれにおとなしく乗っているときには、ふり返ってその胸に鼻をすり寄せることができたし、低いつぶやきを漏らして足の位置を変えるほかは反応がなかった。だが、攻撃的な気分に見える場合は、鼻をすり寄せないようにしていた。

通常、マンブルは床を歩いてきてぼくの足に跳びつき、翼を小さくばたつかせながら向こうずねをよじ登る。膝でひと休みしたあとは、曲げたひじにぴょんと跳び乗って、テリアよろしくその湾曲部を掘る。

なんだか下に並べられたサイドクッションのあいだにネズミがいるとでも言いたげだ。ぼくが袖をまくりあげているときは、腕の毛をそっとつついて起こしていくのが常で、とうもろこしの軸からひと粒ずつ囓っていくしぐさを思わせた。それから胸の真んなかに飛びつき、力強く〝踏みならし〟ては、ぜいぜいとあえぎ音をたてる（ぼくがセーターを着ているとむっとして、気むずかしい顔で足を持ちあげる。まるで、粘つくタールから爪を引きはがそうとするかのようだ）。こうした狩りのまねごとが高じると、たいていはぼくのひげをついばみだす。さすがのぼくもうんざりさせられたときは丸めた両の拳でそっと嘴をはさんで止めたが、どんな場合でもはっきりとマンブルの自制が感じられた――つねに手心を加えてくれたし、めったにない〝猛戦士《ベルセルク》〟の気分でも、けっして顔を傷つけようとはしなかったのだ。

ぼくが鉛筆を大理石のコーヒーテーブルに落とすと、たいていはその音に注意をそらされる。そして鉛筆にすっかり関心を移し、さんざん蹴って拾いあげて囓って落としたあとで、ときには、どこかほかの場所へ運んでまたこの遊びを続けようとする。そこで、トレイパーチに〝鉛筆スイング〟をこしらえてやった。鉛筆を革ひもの先端に水平にくくりつけ、トレイに立って足をあげれば届く位置に吊したのだ。どうやら、マンブルはこのおもちゃを気に入ったらしい。座って抱きかかえたり、噛みついたり、蹴りつけたあとスイングして戻ってきたところをつかんだりしていた。

どんな運動にせよ、活発に楽しんだあとは疲れきって、しばらくエネルギー充塡のためにまどろんだ。このとき、扉の上部に片脚立ちになって眠ることもあるが、場合によっては、廊下の衣装戸棚の上部に居心地のいい片隅を見つけ、なんと両脚を胸の下に折りたたんでべったり座りこむこともあった。

たまに若者らしく激しく感情を爆発させたりもしたが、たいていは従順で、気分が乗れば〝羽づくろい〟されるのを心から喜んだ。すぐそばにうずくまっているときは、指でそっと頭頂部を掻いてやった。ぼくが触れるとまず、マンブルは頭を少しひねってくるんと回転させ、二、三回掻いてやったあとは黙りこくって、ぼんやりした表情になる。目を細め、身をかがめて羽毛を逆立てながら感触を楽しんでいるのだ。

当初は、マンブルのほうから明白な親愛の情を示されるとは期待していなかったのに、いつしか羽づくろいのまねごとをしてくれるようになって、いい意味で驚かされた。このしぐさが最も多いのは、朝いちばんにぼくに会ったときだ。夜用の鳥かごにいた場合、ぼくがキッチンに入っていくと、新聞紙の床に跳びおりて鳥かごの片隅に頭を垂らし、〝ウォォォ……ウォォォ〟と流れるように低く長く歌う。そして鳥かごの扉が開くなり、すぐ前の止まり木にぴょんと跳び乗って眠たげな顔でまばたきをする。ぼくがまばたきを返してかがみこむと、顔をこちらにあげて目を閉じ、鼻をすり寄せるぼくのあごひげをやさしくついばむのだ。こうした数秒間の相互挨拶が終わったあとは、ややもったいをつけて肩に跳び乗り、しばらく部屋のなかを歩かせてどの止まり木に止まりたいかを決める。

夜はいつも鳥かごに閉じこめていたわけではない。たまに自由に放鳥していたときに、翌朝ぼくが寝室から出ると、薄暗がりのなかでお気に入りの夜用止まり木にちょこんと止まっている――なかば開いたバスルームの扉の上だ。ぼくがバスルームに入って電気をつけたらすぐに、シャワーレールへ、さらには造りつけの戸棚の上へと跳び移って、首を上下左右にぐにぐに振り、ぼくがひげ剃り石鹸を探すあいだはぼんやりした表情で手をつつく。首筋を洗って剃刀をあてはじめると、おもむろに肩へ降り、顔を鏡に向ける。マンブルは鏡に対して動物に典型的な反応を一度も示さなかった――つまり、鏡の裏にべつのフクロウがいると思って探そうとすることはなかった。これはなかなか興味深い事実だ。というのも、孵化後からウォーターファームに移されてそこで数日過ごすあいだ、ほかのフクロウをほんの一瞬ちらりと目にしただけなのだ。動物が鏡のなかの自分を認識できた場合、自意識がそれなりにあることを意味するが、これは一般的に高度な知性のしるしとみなされる。鏡の前で、マンブルはときおり、ぼくの髪の毛やひげに嘴を差し入れてかちかち鳴らし、くぐもった機関銃音をたてた。

ひげ剃りを完了してシャワーを浴びはじめると、めったにぼくに関心を示さなかった。これはありがたいことだ。最初の二、三回は、シャワーレールに止まったまま目をきらめかせてこちらを見つめていたが、おかげでぼくは落ち着かず、まんいち水を止めたあとでマンブルがじかにこの体を調べようとしたらどうしようかと考えた。こんなふうに何も身につけていないときは、あの爪が目についてしかたがない。

ふつうは、ぼくがシャワーを流しはじめると外へ出ていく。だが毎日必ず、水音が止まったあとすぐに——たいていは、ぼくが浴槽の縁に座ってタオルで足を拭いているときに——問いかけるような低い鳴き声が聞こえ、マンブルがまた顔をのぞかせる。好奇心に目を見開いて、バスルームの扉の下のほうからちょこんと。どういうわけか、この瞬間が頭を掻いてもらうのに最適な機会だと思っているらしい。なかば広げた翼をゆっくり羽ばたきながら、床を二、三歩跳んで、最後のジャンプで膝に乗ってくる。腿の上をよちよち歩いてあごに近づき、体勢を整えてから、また一度か二度低く鳴き、嘴を開きぎみにして顔をこちらに向ける。

ぼくがついに降参し、身をかがめて頭に鼻先をうずめてやると、マンブルは瞬膜——まぶたの内側にある〝もうひとつのまぶた〟——をまたたきながら、頭をひねってそっとこすりつけてくる。羽毛を膨らませてしだいに体を沈めていき、頭を〝ショール〟のなかへ引っこめたさまは、毛に覆われたふわふわの球

（右）孵化後11週。ぼくの印章つきの指輪を真剣に値踏みしている。（左）孵化後12週あまりで体羽が生えてきた。綿毛状の幼児用ワンピースをまとい、瞬膜をまたたいている。

そっくりだ。羽毛は匂いがさわやかで羊毛みたいに温かく、なんとなく……ビスケットを思わせる。ぼくが鼻をすり寄せるのをやめると、だめだと言わんばかりにキーキー鳴く。いちばん喜ぶ箇所は、どうやら、嘴のすぐ上から目にかけて細い三角形状に生えた短い羽毛らしい。数秒後、マンブルはふたたび頭をよじって、たぶんかゆいところなのだろう、あらたな場所をぼくに示す——たいていは、顔盤の縁に隠れている耳の大きなくぼみだ。

ぼくが曲げた背中の痛みに耐えかねてもう終わりだよと言い聞かせると、マンブルはいつも体を激しく震わせて肩に乗り、しばしあたりを見回してあらたな気晴らしを探す。このしぐさが、もう動いてもいいとぼくに知らせる合図だ。

夜ごとのパトロールではふつう、椅子の背もたれから扉の上へ、トレイパーチへ、本棚の上へと軽くジャンプして、さらに暗い廊下に出て電話台へ飛んでいき、また椅子まで戻ってくる。ときには、ガラストップの書棚の上をしばし歩きまわることもある――氷上を思わせる慎重な足取りで、コツコツ音をたてながら。まれに、こもった反響音がして、この〝爪を持ったならず者〟が空の浴槽へ飛んでおりて底を歩きまわっているのだとわかる。ひょっとして、排水溝の穴から何か興味深いものが這いあがってこないか見張っているのだろうか。

ぼくが見ていないときに、突然すさまじい音が聞こえることがある。どこかの止まり木からソファを覆うビニールシートへ、マンブルが急降下するのだ。そして三、四回ほどすばやい蹴りを入れたかと思うと、不安定なクッションの上を動きまわり、なかば広げた翼と尾でこれを覆おうとする。猛禽類特有の、殺した獲物を隠して守ろうとするしぐさだ。やがて勝利に満足したようすで、止まり木に飛んで羽毛をぶわっと膨らませ、翼を燕尾服の裾よろしくきれいに収めて、最後に小さく足踏みをしてから片脚を羽毛の〝ポケット〟にたくしこむ。

マンブルが床を歩くさまは、いつまで眺めていても飽きない。おそらく、本人ならぬ〝本鳥〟が心から楽しんでいるのが大きな理由だろう。止まり木から跳びおりる前に、マンブルは頭を一方に傾けて降下地域をまじまじと見つめ、計画実行前の念入りな試算を行なう。ひとたび降りたあとは、全面窓まで歩いて〝丸パンをふたつ重ねた〟姿勢で座り――尻をぺたんとじゅうたんにつけて脚を縮め、爪の先端だけをスカートの下からわずかにのぞかせて――大きな目でゆだんなく周囲を見張る。しばしば、爪の先一〇センチほどの距離に、本物か想像上か、とにかく目に見えない獲物を見つけたそぶりを示す――奇妙なことだ。というのも、フクロウの近距離視力はよくないはずなのだ。それでも、じゅうたんの一箇所をじっと見つめたあとで、力一杯跳びあがると、すさまじく獰猛に襲いかかって獲物を〝殺す〟。ときには、一分間ずっとこの狩りを繰り返すこともある。

全面窓の外の何かに関心を引かれると、マンブルはたちまち活気づき、脚をぴんと伸ばして頭を上下させながら、暗いガラス沿いに走る。なかば広げた翼を、無言劇で悪党がまとう外套よろしく風にはらませて。こうした〝邪悪なストーキング〟——アニメ映画でネコのシルベスターがカナリアのトゥイーティーにこっそり忍び寄るさまに似ている——行為のうち、見ていてとくに楽しいのは、マンブルが物陰から物陰へと突進し、立ち止まったかと思うと、また突撃を再開するさまだ。当然ながら、低い家具の下の暗がりに入りこむのが好きだが、やや高さのある隙間で荒々しく足を踏みならして歩くことも多い。そして想定の範囲ではあるが、マンブルがこうした攻撃遊びに興じたあとはたいてい、床に敷いた新聞紙のあちこちが壊滅的な被害をこうむる。

試しに、おもちゃとしてピンポン球を与えたことがあるが、おざなりに数回蹴ったあとですっかり関心を失った。硬い表面に爪が食いこまないので、追いかける価値はないと判断したらしい。新聞紙を丸めた玉のほうが、はるかに喜んだ。また、友人のひとりがくれたプレゼントにも大喜びした。乳母車やベビーベッドに吊りさげてあるような、軽くてやわらかいフラシ天のボールだ。マンブルはものの数秒でこれを〝殺し〟、（ほぼテニスボールと同じ大きさなので）バランスを崩しながらよろよろ扉の上へ持ってあがると、たくみに引き裂いて中身を抜き出す作業に取りかかった。そして一五分後、床のあちこちに合成樹脂の詰め物が散らばっていた。どう見ても石油化学製品の副産物である以上、ひとかけらでも飲みこんでほしくなかったし、同じおもちゃをまた手に入れても数分しか持たないのは明らかなので、二度とこれを与えはしなかった。

どういうわけか、マンブルはぼくの足に魅了されていたようだ。床にいるときは、歩くぼくのうしろを

広げた新聞の下でトンネルゲームをして、顔を出したマンブル。左下にかろうじて見えるのはピンポン球で、それを“殺す”ことができないとわかってからは、すっかり無視していた。

静かにつけまわし、まんいち踏んづけたらどうしようかとひやひやさせられた。扉の上に止まっているときは、下を通りすぎるぼくを真剣な目つきでじっと見守り、攻撃距離とコースとスピードを計算したのちに爪を丸め、両足のあいだに頭をさげて視界の中央にぼくを捉えてから、的確に攻撃をしかけてくる。

ほどなく、攻撃のほんとうの目的は靴ひもではないかと思えてきた。どうやら、つねに気にしているようすなのだ。ときおりリビングの床を無邪気に歩いてきて、椅子のそばのじゅうたんにちょこんと座る。物静かな小さな頭は見るからにテレビ画面に向けられているが、やがて、交差させたぼくの足にマンブルがどさりと乗り、ぎゅっとしがみついて頭をさげ、靴ひもを嚙ったり引っ張ったりしはじめる。鉤状の鋭い嘴にはぎょっとするほど破壊力があり、ぼくが追い払う気力を失ったら、わずか数分で編みひもをばらばらにして、足元のじゅうたんに糸くずの山をこしらえてしまう。じきに、ぼくは靴ひもをすべて革製に取り替えるはめになり、屑かごから回収された編みひもの残骸は、マンブルのお気に入りの遊び道具と化した。

日記からの抜粋
一九七八年八月一一日（孵化後およそ三カ月半）
今夜は快挙だった。ささやかだが、ウェリントンの場合とは対照的な喜ばしい経験がもうひとつ増えたのだ。ふだんの夜は、ぼくが帰宅したあと室内へ連れこむためにバルコニーの鳥小屋へ入ったら、マンブルは巣箱の片隅で〝鬨《かん》の声をあげる〟日課をすませ、前面の止まり木に出てきて、数分かけて意識をはっきりさせる。その間、ぼくは段ボール箱を左の脇に抱えて立っている――開いた面をあちらに向けた状態で。マンブルの心の準備ができたころを見計らい、右手を後方から脚に添えてうしろ向きに乗せる。それから、手とマンブルを一緒に箱のなかへ入れつつぐるりと箱を回転させ、手を取り出すためのわずかな隙間を残して胸に押しつける。そのあとは、マンブルが苛立ちを募らせたあげく隙間をこじあけて抜け出さないよう、なるべく早く室内に戻る。ときにはひどく鳴かれ、激怒した小さなひげ面が箱の端からはみ出そうになることもある。
今夜も、マンブルはまばたきとあくびと伸びをし、糞を落として羽毛をぶるっと震わせたのちに起床の日課を遂行した。ぼくがじっと立って待っていると、箱を悠然と見やって距離を測り、なんと、まっすぐなかに跳びこんだのだ。それから、〝この乗り物〟の扉が開いたときに正面を向くよう半回転し、ぼくが二連往復動フクロウ弁《バルブ》をくぐってリビングに連れ出すまでのあいだ、じっと静かにしていた。

マンブルのボキャブラリーはどんどん増えつづけている。音域にはまだ、当初のヒヨヒヨ鳴きや低い歌声や甲高い金切り声もあるが、最近ではきしるような口笛や、狭い空間に向かってあげる鬨の声も聞かれるようになった。嘴をかちかち鳴らすのは苛立ちの表れだが、必ずしも他者に向けた威嚇ではないようだ。ときどき、居眠りからただ目覚めたときにも、くしゃみをして嘴を鳴らすことがある。はじめてそのようすを間近で観察したとき、実際には嘴をまったく開閉させていないことを発見した――なかば開いたままなのだ。おそらく舌を嘴の下部に打ちつけているのだろう。壊れた吸水管の〝こっこっこっ〟という音に似ている。ぼくたち人間が舌と口蓋でたてる音と同じだ（ゆえに、マンブルは上下の嘴をぶつけるような無粋なまねはしていない。高度な言語を話しているのだ）。

何よりも注目すべき点は、いまや五つのパートからなる正しい〝ホーホー鳴き〟を体得していることだ。「ホォォ！……（三秒から五秒の間《ま》）……ホー、ホー－ホー、ホォォ！」とトレモロで音程がさがっていく［この文を日記に綴ったあとで、鳥の種ごとに特徴的な呼び鳴きや歌は一部が遺伝的要素で一部が模倣によって身につくものだと知った。したがって、マンブルはある程度まで、ぼくには聞こえない野生のフクロウの鳴き声を耳にしてまねていたのだろう］。また、嚙みつくような鋭い「キウィック！」という声も出すが、粗野な人間の耳には、無礼なアングロサクソン人の罵声に聞こえる。最近、夜用の鳥かごに入れて電気を消してから約三〇分後に、この鳴き声が聞こえることが数回あった。また、ときどき、明けがたの五時ごろに、夜明けのコーラスにいっとき加わることもある――ほんの五、六回ほどホーホー鳴きを繰り返し、それから沈黙するのだ。

一緒に暮らしはじめた当初から、マンブルがリビングの扉からぼくのもとへぽんと降りてくると、いつも感動させられた。ふわふわの球みたいな姿勢から伸びひとつせずに、すっと前傾姿勢で空中に転がりこみ、翼をほとんど広げることなく肩に落ちてきたかと思うと、小さな甲高い声をあげて着地する。その二年前に、ぼくはパラシュート降下に手を出して痛い目を見たわけで、マンブルの資質と技能が心からうらやましかった。当然ながら、あらゆる機会を捉えては飛行練習のようすを観察したが、この学習過程には時間がかかった。人間の場合は単独飛行ができるまで指導教官との二重操縦によって危険を回避できるのに、マンブルにはそんな贅沢が許されず、仮免許操縦中の数週間は小さな事故もそれなりに起きた。

離陸と二地点間の飛行はすぐにできた。安定した止まり木から、曲げた脚の力で宙に跳んで、広げた翼を一度振りおろすとたちまち飛行速度が出る。体重にくらべて翼が大きいおかげで翼面荷重が軽くなり、難なく浮力を得られるのだ（フクロウの翼面荷重は、たとえばカモのわずか三分の一程度。そのカモは、飛び立つために翼をしゃにむに羽ばたかせながら長い助走をしなくてはならない）。加速するとき、マンブルの個々の翼の動きはあまりに速くてぼくの目では追えないが、モリフクロウのストップモーション写真を見ると、長い指状の初列風切羽《しょれつかざきりばね》が上下に振られるたびにカールし、宙に三日月形の模様を残している。翼幅が一メートル近くもあるせいか、胴部は水平飛行中の機体さながらで、襞襟状の羽毛に取り巻かれた頭が前方にくっついた流線型だ。離陸当初は一本のスパイク状にたたまれている尾が、しだいに広がって扇状になっていく。着陸装置は格納されたまま――つまり脚の下半分が腹部に並行するように曲げられ、足は羽毛に包まれてほとんど見えず、爪もきちんと折りたたまれている。

最初の秋にはもう、マンブルは飛行の各局面をほとんど身につけていたが、着地については嘆かわしき状態から確実に抜け出せるまでしばらくかかった。下方から止まり木に飛んであがるときはだいじょうぶだが、どんな形にせよ降下は大の苦手だ。原因は明らかで、水平から垂直方向に動きを移すさいに体の協調がうまくとれないのだ（ちょうど、英国空軍の新米パイロットが推力偏向式ホーカー・ハリアー、通称〝垂直離着陸ジェット機〟の着陸に苦労するのと同じだ）。こつをつかむまで、マンブルは目標物――トレイパーチ、椅子の背もたれ、テーブルランプなど――にまっすぐ斜めに突っこみ、ときには衝撃で目標物を倒して、息切れでもしたように小さくキーと声をあげた。

不器用ぶりが最も顕著なのは、細長い大理石のコーヒーテーブルに〝氷上着陸〟するときだ。最終進入があまりに早く角度も浅いせいで、接地したときに横滑りし、むなしく足をばたつかせながら摩擦力を得ようともがく――翼を激しく羽ばたき、尾を不格好な放射状に広げたまま。そしてほぼ必ず、ぶざまな羽毛の荷車よろしくテーブルの向こう側に姿を消してしまう。その姿はなんだか、一九〇〇年代初頭のニュース映画に出てくるはばたき飛行機《オーニソプター》を思わせた。

ある日、マンブルはこの着陸劇をいっそう洗練させた。飛行甲板の端近くにペーパータオルがひと巻き置かれているところへ、垂直着陸しようとしたのだ。ペーパータオルがしっかり固定されているものと思ったらしく、爪からまっすぐ突っこんだ。当然ながら、重さ四五〇グラムほどのフクロウが高速で衝突した結果、ペーパータオルはほどけることなくテーブルの上を転がりはじめた。マンブルはその上で必死に羽ばたいて後退しようとしたが、丸太を転がす木樵よろしく円筒状の物体に乗ったまま、やがてテーブルの端から落っこちた。その後は、ぼくが思わず笑い声をあげたことに、ひどく立腹したらしい（全身が羽毛で覆われていると、不快感を覚えていることをはっきりと示しやすいようだ）。

もちろん、やがては着地も習得し、試行錯誤を経て翼を広げる瞬間を覚えた。目標着地地点に近づくにつれ、マンブルの体は肩関節を軸にして回転し、水平から垂直に向きを変える。と同時に、翼を〝ひじと手首〟の位置で浅いL字形に曲げて広げはじめる――前縁を上に傾け、翼断面《エアロフォイル》の角度を増すのだ。いっぽう、尾は下向きに広がって、ほぼ垂直の扇状になる。翼を傾けたおかげで表面を流れる空気が減速し、ひいては揚力も減る。また、翼の下部と尾扇が空力ブレーキの働きをして、前進速度を弱める。この時点で、ともすれば翼上部の気流が分裂し、機体が失速して墜落する恐れがある。だが、マンブルはあわやという瞬間に、小翼の羽毛を伸ばして広げ、気流を加速させるとともに翼面積を増やす――飛行機の前縁に設けられたスラットと同じ原理だ。最終進入のあいだ、このスラットはバタバタと揺れている。

それと同時に、マンブルはほぼ垂直にした腹部の前に脚を伸ばして振りあげ、爪をぐっと広げて着地範囲を拡大する。接地の瞬間に、揚力は失われる。とはいえ、前進速度は必ずしも失われない――ふつう、マンブルはヘリコプターみたいに着実に降下するが、興奮状態にあるときは、いまなお戦闘機のパイロットよろしく高速のまま派手な強行着陸を行なう。いずれにせよ、止まり木に最初に触れる部位は節だらけの頑丈な足の裏であり、触れた瞬間、爪がたちまちぎゅっと握りこむ。

着地ではなく獲物をつかみあげるときは、脚を伸ばしたまま水平に滑っていく。速度はしだいに落とすが、揚力は完全に失わず、最後の瞬間に脚を前に持ってきて蹴ったかと思うと、翼を一度大きく羽ばたいてまた飛び去る（フクロウがほぼ完全な暗闇で狩りをする場合、視力ではなく聴力に一〇〇パーセント頼っており、ふだんのように自信を持って標的にまっすぐ襲いかかることはできない。獲物がたてた最初の一音でおおよその位置をつかむと、頭をそちらへ向けて、脚をぶらさげたまま滑空する。二回めの音が聞こえてはじめて、標的までの正確な距離を知り、頭をさっと戻して翼と爪を広げ、襲いかかるのだ）。

ひとつ意外だったのは、着地にあたり、下向きに広げた翼でたまに体重の一部を支えていたことだ。はじめてこれに気づいたのは、ビニールをかぶせたソファの上でマンブルが騒々しい狩りのゲームに興じているときだが、より劇的だったのは、ある夜、浴室の上部に渡した四本の物干し綱に着地しようとしたときのことだ。すさまじい金切り声に何ごとかと行ってみると、伸縮性のある綱にいきなり体重をかけてトランポリン状態に陥り、懸命に奮闘しているところだった。あちこち跳ねながらも、左右の足で一本ずつ綱を握り、それらが自分の重みで離れていかないよう踏ん張っている。ふらふら揺れつつ、翼を外套さながらめいっぱい下へ広げて〝獲物を覆い隠す〟姿勢をとり、体を安定させるために綱に翼を押しつけていたのだ（この光景を見て、デイヴィッド・アッテンボローのネイチャー番組でベネズエラの原始の鳥を特集していたのを思い出した。この鳥は翼の前縁の小翼に爪の痕跡を残している――爬虫類だったころの名残で、幼鳥が木の頂の巣まで這いのぼるのに利用するらしい）。こんなふうに意図して手足さながら多目的に翼を用いるのを見て、ぼくは驚いた。鳥は翼を大切に扱い、みだりに使わないものと思っていたからだ。

一九七八年の夏、ぼくは左の足首を骨折し、六週間ほど膝から爪先までギプスをはめるはめになった（原因はこのうえなく情けない事故で、友人の幼い娘とテニスボールを打ちあっているときに濡れた草で滑ったのだ――その娘は偶然にも、長じてこの本の挿絵を描いてくれている）。ギプスをはめた経験があればだれでも知ってのとおり、当初の痛みは数日で治まるが、松葉杖を支えに勢いをつけて立ちあがらざるをえず、ごく簡単な家事を行なうのもひと苦労で、重いギプスが腹立たしくてたまらなかった。また、公の場に出るとまぬけに感じられた。ぼろぼろの古いジーンズの片脚を切り開き、しだいに汚れていくギプスにかぶせて開口部を安全ピンで留めているからだ。シャワーを浴びるのは不可能だし、風呂に入るのも途方もなくむずかしい。そのせいで、時が過ぎるにつれて、不潔さを恥じ入る気持ちにじわじわとさいなまれた。

二連往復動フクロウ弁をくぐってマンブルを部屋に出入りさせる日課も、時間のかかるわずらわしい苦行となり、できるかぎり室内で自由に過ごさせるようになった。九月のある夕方、二、三時間ばかり近くの映画館に出かけて、マンブルが廊下－浴室－キッチン－リビングを自由に巡回できるようにしておいた。ところが、一〇時半ごろ帰宅したときには、その姿が消えていた。

ぼくは半狂乱で部屋じゅうを探しまわり、名前を呼びながら戸棚や暗がりをひとつひとつ確認した。結果、自分に猛烈に腹をたてた。不注意にも、キッチンの小さな上部窓を少しばかり広くあけすぎていたのだ。マンブルがいままで一度も興味を示さなかったので、いつしか油断していたらしい。自分のフクロウが逃げてしまい、しかもコンクリートと車と危険な人間たちに囲まれた環境では、長く生き延びられる可能性などなきに等しい。この事実を、ぼくは認識しはじめた。いちばん近い森林まで数キロあるし、いずれにせよ、マンブルは食べられる獲物を見つけて捕まえる方法を知らない。繁殖期ではないから、呼び鳴きに惹かれた雄に出会って狩りのしかたを習う望みも薄い。ぼくとしたことが、いかに軽率で愚かだったか。マンブルがいない夕べをひとりで過ごすのは、さぞかし寂しいだろう（ぼくは性格上、悪い報せに接したときは、起こりうる最悪の事態を想定し、覚悟を決めたうえで対処する。最悪の事態より少しでもましな状況になれば、ほっとひと息つけるからだ）。

ほぼ希望を失いつつも、灯りという灯りをつけ、あらゆる窓をあけて、もしマンブルが近くにいて戻ってこようと思えば戻れるようにした。とはいえ、いままで一度もマンションの建物を外から見たことがないのだから、自分の位置を正しく判断できるはずがない——六四個も同じ形の箱があるなかで、灯りのついたひとつの箱をどうやって見分けるというのだ？　ぼくは窓から下や横をのぞき、各階に走る細長いコンクリートの桟に目を凝らしたが、マンブルの気配はどこにもなかった。それに、たとえその姿を見かけたとしても、何ができる？　ぼくは高所に弱い。外に這い出してわずか二、三センチの桟をつたい歩くなんて、できそうにもない。ましてや、脚をギプスで固められた状態では不可能というものだ。

窓から身を乗り出し、無駄とは思いつつも、唇が痙攣するまでマンブルの〝夕食時の口笛〟を吹いた。最終的にあきらめてみじめな気分でベッドに入る前に、開いた窓の上からひもでヒヨコを一羽吊りさげ、灯りをつけたままにしておいた。そのうち建物全体が暗くなってその窓だけが煌々と照らされ、マンブルが目を留めて入ってきますようにと、ばかげた望みを抱きながら。

しばらく経って、嘆きつつもうつらうつらしはじめたが、午前二時ごろ、目がさえて眠れなくなった。もう一度探してからでなければ、この事実を受け入れるものか。スリット入りのジーンズをギプスの上にかぶせ、室内履きと毛布地の上衣に身を包むと、窓から窓へと歩きまわって口笛を吹いた。いまや夜風が冷たく、風が出てきた。このマンションを取り囲む低い建物群はほとんど真っ暗で、幹線道路をぽつん、ぽつんと走る車以外に唯一聞こえるのは、近くのブロックにあるナイトクラブ兼ダンスホールから酔っ払いがときおりふらふらと出てくる音だけだ。その音に注意を引かれ、たまたま建物の横手の谷間をまっすぐ見おろしたとき、地上付近の防犯灯にかすかに照らし出された——小さくて黒くて翼の広い影が、すっと横切っていくさまが。

ついに足がかりを得た。そう思って胸を躍らせ、懐中電灯とマンブルの運搬用バスケットとヒヨコをひと袋つかんで、足を引きずりつつエレベーターに乗った(もう松葉杖は必要なかったが、『宝島』の海賊、ジョン・シルバーの下手な物まねみたいな動きだ)。コンクリートの壁をよろよろ回り、建物の横手に出て口笛を吹いたとたん、低い歌声が聞こえた。上のほうを懐中電灯で照らすと、マンブルがいるではないか。隣のオフィス棟の、一〇メートルほど上の桟に。

その後の一時間半(大げさに言っているのではない)は、人生でこれ以上ないほど神経をすり減らした。むっつりした顔で、よろけながら建物の周囲を行きつ戻りつし、口笛を吹いては、ヒヨコの死骸を夜空に振りあげる。もし、数ある筋書きのひとつが現実になったら、と考えると不安でたまらない。ひょっとして、マンブルが飽きて遠くへ飛び去り、二度と姿を見せなかったら。隣家の寝室の窓ががらりとあいて、懐中電灯の光を浴びせられ、怒りの声で「夜のこんな時間に、ヒヨコの死骸を振りあげてよろよろ歩いてるのは、いったいどこの大ばか者だ?」と問い詰められたら。

それに、いつなんどき、警察官に弁明するはめになるかもしれない——すでにぼくは、地上階のオフィスの明るい窓からとがめるような表情を向けてくる警備員をできるだけ気にしないようにしていた。いや、それより何より、最悪の事態は、五〇メートルほど先のダンスホールから出てきたごきげんな酔っ払いが、暗がりで用を足そうと角を曲がってくることだ(そうなったときの会話が頭に浮かんでくる。「おめえ、なあにやってんだ? フクロウを捕まえようってか? おい、スティーヴ——スティーヴ! このやっこさんが片脚だけでフクロウを捕まえようとしてんだ……なあ、手伝ってやろうじゃねえか」)。

マンブルはしじゅう移動している。桟から壁へ、壁から桟へ、ほぼつねに姿が見えていながら、けっして手は届かない範囲だ。自分の居場所からぼくをまじまじと見おろし、穏やかな声で話しかけてくる。とりわけ、ボイラー室近辺の飾り穴のついたコンクリート壁から。そこはわずか三メートルほどの高さで、いかにもよじ登れそうなのがじれったい。この脚が二本ともちゃんと動けばいいのに。黒い背景にぼうっと光る白い胸毛を探すために懐中電灯を消さねばならず、ときおり視界からその姿が消えると、風に吹かれたごみ屑が目の端に入るたびにむなしい希望を抱いた。一度か二度、マンブルは左右の足先のあいだに頭を垂れてぼくを一心に見つめ、こちらに向かって飛ぼうとしているかに見えた——ところが、ブリキ缶の転がる音や捨てられた新聞紙のがさごそ擦れる音に気をとられ、また最初からやりなおすはめになる。ぼくは疲れと困惑を募らせ、このひどく腹立たしい鳥に毒づいたが、姿が見えなくなるたびにマンブルのいない生活が頭に浮かび、いまやそんな生活に耐えられそうにないことをむっつりと悟った。

おそらく明けがたの三時半ごろ、疲労と失望でぼうっとなりながら、植栽外構のコンクリート製の縁に腰をおろして、痛みが強まってきた脚を休めようとした。しばらくマンブルの姿は見えなかった。せめてもの慰めは酔っ払いたちがとうの昔にいなくなったことで、風の音のほかは静まりかえっている。ぼくは脇にバスケットを置くと、ぬるぬるするヒヨコをポケットに入れ、煙草とライターを取り出した。ジッポーのホイールを回すためにかがんだ瞬間、カチンという音が聞こえた。マンブルの爪が、すぐ横の鉄製の手すりをつかんだのだ。

ぼくの手のわずか一メートル先で、マンブルが頭をぐにぐにに上下させながら、こちらを見つめてキーキー鳴いている。はっとして煙草を取り落とし、ポケットからそっとヒヨコを抜いて差し出しながら、しらじらしい愛情のことばをかけた。マンブルがバスケットに跳び乗り、夕食のほうへ頭を傾けた。ぼくはそれを引っこめた。マンブルがバスケットと同じ高さに跳びおりると、ヒヨコの片端をつかませたが、手は放さずにいた。マンブルは苛立たしげに鳴いて夕飯を引っ張り——ぼくは綱引きを続けてどんどんうしろへ引き——そしてついに、ヒヨコごとマンブルをバスケットに押しこめ、ようやく手を放すと蓋をばたんと閉じた。

エレベーターで戻るあいだ、ぼくはまぬけな赤ちゃんことばでしきりに話しかけ、マンブルは遅い夕食をせっせと引き裂いていた。室内に入ると、窓という窓をどたどたと閉めてから、バスケットの外に放してやった。マンブルは何ごともなかったかのようにふるまった。疲れと安堵で吐き気がしていたが、ぼくはさらに三〇分ほど寝ないでいとおしげにその姿を眺めた。マンブルは血まみれの食事を終え、短いが見るからに満足げな羽づくろいを行ない、伸びに続いて糞をしてから、いそいそと夜用の鳥かごに入って長い眠りについた。ぼくは衣服を脱ぐ気力もなくベッドに倒れこんだ。

ワイングラスと両切り葉巻と音楽、そして満ち足りたようすのフクロウ。自宅で穏やかな夜を過ごすのに、これ以上必要なものはあるだろうか。

この恐怖体験のあとで、マンブルが知らず知らず人生に何を運んできたのか、あの夜が異なる展開をしたら何を失っていたのか、いやでも気づかされた。

マンブルは、ぼくが自分の性格と予想される将来について悲観的な思考をとめどなく繰り返していたときに、このマンションにやって来た。とはいえ、偶然そういうタイミングでわが家に迎えただけで、愉快な気晴らしのほかにマンブルがくれた贈り物について、ぼくはちっとも気づいていなかった。自分はペットの鳥を購入した、ただそれだけ。大失敗に終わったウェリントンの一件を考えると、本物の相互関係が築ける望みはありそうもなかった。

たしかに、マンブルが来たおかげで、陰鬱な内省から気をそらすことができた。なにしろ、気持ちをしっかりさせて、目下の現実的な問題を真剣に考える必要があったのだ。マンブルが何か貴重なものを破壊するか、配管のなかに姿を消すか、怪我をするか、官憲に見つかって国外追放される前に。ところが思いがけず、マンブルは信頼のしるしを——いや、愛情のしるしすら——示してくれた。おまけに、夜の余興も提供してくれた。どういうわけか、ぼくは人間のどたばた喜劇を楽しめたことが一度もなく、チャーリー・チャップリンの映画を観るよりも所得申告書に記入するなどして夜を過ごしていた。なのに、いまや憤然たる羽毛の球がいたる場所でとんでもない粗相をしでかすせいで、自分本位の憂鬱な気分に浸りたくても浸れない。マンブルの存在は思考の糧であり、楽観的な気分もいくばくか提供してくれるのだ。

自分の同居人についてもっと学んだほうがいい、とぼくは考えた。そうすれば、成長期を終えたあとのマンブルの行動に心の準備ができるだろう。異種間の同棲生活はうまくいくこともあるが、すんなり進む過程ではない。マンブルと長期的な関係を結ぶつもりなら、その種族についてもう少し知っておくべきではないか。

第4章　モリフクロウの私生活

モリフクロウは、ユーラシア大陸の隅から隅まで、すなわちイギリス本土（アイルランドは含まず）からシベリアを越えて中国、朝鮮半島まで、さらに南下してイランやヒマラヤ山脈、インド北西部、ミャンマーにいたるまでの幅広い地域で姿が見られる。西洋社会での生息地域の限界は、北はだいたいノルウェーとスウェーデンの中央部、南はモロッコのアトラス山脈のあたりになる。イギリスに到来したのは少なくとも八〇〇〇年前、つまり英仏海峡がついに北海と大西洋をつなげて、ぼくたちイギリス人が島国民になってしまう前のはずだ——モリフクロウは広い水域を飛んで越えるほど長い滞空力を持たないのだから。

成鳥の場合、全長三五～四〇センチだが、特徴的なうずくまった姿勢のせいで実際よりも小さく見える。体重は三八五～八〇〇グラム程度で、翼幅はだいたい九四～一〇四センチ。雌はふつう、雄よりも体長で五パーセント、体重にして二五パーセントほど大きい。色彩は森林環境での擬態に適し、オフホワイトと茶色か（さほど一般的ではないが）灰色を基調にして縞や斑点がある——北の地域に住むモリフクロウの羽毛は灰色が多く、それよりも温暖な地域では茶色が主流。茶色のモリフクロウは、赤みがかった栗色か、（マンブルのように）濃いチョコレート色だ。いずれも夜間、それも一〇月から一月にかけてとくに、活発に声を発する。聞き慣れた鳴き声は長らくヨーロッパの〝一般的なフクロウ〟とみなされ、その録音がラジオの効果音として使われると、たちまち〝田園地域の夜〟の風景が頭に浮かぶ。

森林に隠れて生息することから、メンフクロウにくらべて個体数を確かめるのはむずかしいが、イギリス一数が多いフクロウであるのはまちがいない——それどころか、猛禽類としても最も一般的だ。この数十年間に発表されたモリフクロウのつがいの数は、少ないほうでは約二万組から多くは約一〇万組にいたるまで驚くほど開きがあり、個体数としてはおよそ三五万羽と書かれた出典すらある。したがって、「イギリスには何羽のモリフクロウがいるの？」という問いへの率直な答えは、「だれも知らないんだ――だけど、たくさんいるよ」になる。スコットランドでもイングランド南西部でもわずかに減少傾向にあるが、気候の温暖化によって生息地域がやや北へ押しあげられたと考えられ、自然保護機関も全体の個体数について〝懸念がある〟とはみなしていない（ヨーロッパ全土では、およそ九〇万から二〇〇〇万の個体数で、わずかに増加しているものと推測される。これはほっとひと息つけると同時に、おそらく驚きの事実と言えるだろう。なにしろ、ヨーロッパ南部の多くの地域では種の見境なく鳥たちが狩られているのだから）。

一九五〇年代、イギリスで化学農薬と種子粉衣《コーティング》が採り入れられたのとほぼ同時期に、メンフクロウの個体数が目に見えて減少した。法的に保護され、巣箱の設置が広く呼びかけられたにもかかわらず、いまなお推定で約四〇〇〇組のつがいしかいない。とはいえ、多くの人間が農薬の使用とメンフクロウの減少を食物連鎖による中毒の観点から単純に結びつけるいっぽうで、現実には因果関係がなかなか実証されずにいる。

実のところ、メンフクロウの個体数は一九五〇年代よりも数十年前からじわじわと減っている。その要因は、近代農業のべつの側面だ。現代の金属製の納屋は、昔ながらの木造家屋よりも、フクロウにとって快適性が劣る（また、英名が〝納屋のフクロウ《バーン・アウル》〟でありながら、およそ四割は樹木の穴に住んでいるので、近年、ニレ立枯れ病で二二〇〇万本の木が失われたことも影響している）。とはいえ、肉食動物にとっては食べ物のほうがねぐらよりも切実な問題であり、この点でメンフクロウの狩り場が最も甚大な被害をこうむった。

自然の牧草地や周縁の原野までもが鋤で耕され、生け垣も掘り起こされ、さらには農耕馬の消滅によって乾し草畑が大幅に減少した。そのうえ、（齧歯動物の巣の近くに生えた草を食い荒らす）牧羊が増えたせいで、メンフクロウの食餌の大きな割合を占めるキタハタネズミの生息地域が大きく減った。刈取り脱穀機《コンバイン》や近代的な穀物貯蔵の導入で、乾し草畑や農家の庭にネズミたちの餌が落ちることも少なくなった。穀物‐齧歯動物‐フクロウの食物連鎖は、農業の発明以来、メンフクロウの個体数維持の中核をなしている。その証拠に、多数のフクロウの死骸を調査した結果から、化学物質の中毒は実際には死因としてごくまれなのに対し、単純な餓死のほうがはるかに多いことが判明している。フクロウの個体数の変化には時間と場所によってさまざまな要因があり、また、それらが複雑に絡みあうわけだが、モリフクロウがメンフクロウよりもすこぶる順応力が高いのは確かで、一九五〇年代以降、はるかに多くの個体が生き延びてきた。

鳥類学者は、このように生存数が多い要因はもっぱら、モリフクロウが野原ではなく森林の鳥であり、メンフクロウよりも夜行性と〝定住性（家を好む傾向）〟が強いことだと考えている。そして最後のふたつの要素には、互いに密接な結びつきがある。もし、うっそうと茂る暗い森に住み、ほぼ夜間にだけ狩りを行なうなら、いかに目と耳がよかろうと、自分の狩り場について詳細な知識を蓄積する必要がある。モリフクロウの目は驚くほど発達しているが、超感覚的と言えるほどではない。ぼくたち人間よりもほんの少しすぐれている程度で、本質的には変わらないのだ。もし、あなたがモリフクロウになったら、どんな物体も黒い影にしか見えない暗い夜でさえ、枝のあいだを抜けて飛べなくてはならない。お気に入りの狩りの枝（さまざまな獲物候補がしじゅう訪れる場所や通る道にほど近い枝）にちゃんと到達できて、さらには獲物を抱えて家まで――安全な木のねぐらか、雛が首を長くして待っている巣に――戻れなくてはならない。季節ごとのさまざまな変化に応じて狩り場を最大限に活用したいなら、全域について地形的、空間的な記憶をしっかり蓄積するほかないのだ。

この生命維持に欠かせない知識を、ときに危険な試行錯誤を経てひとたび獲得したあとは、どうしてわざわざ旅に出る気になれるだろう。したがって、モリフクロウはいったん伴侶を見つけると、場合によってはわずか三二〇メートル四方ほどの領域で、成鳥の人生をずっと同じ伴侶とともに過ごす。かたやメンフクロウの場合、繁殖期がそこまで安定的ではなく、雄が複数の相手に広く言い寄ることもある。彼らは巣の周辺に狭い縄張りを設けてはいるものの、獲物を捕まえるためには、かなり広範囲に野原を飛ばなくてはならない。当然ながら、こうした日和見的な狩りの手法のせいで捕食動物数の変化に左右されやすくなるが、この変化はときに劇的で、しかも二、三年ごとに生じる。いっぽうでモリフクロウは、手間暇かけて狭い縄張りを自分の体のごとく知り尽くし、伴侶も一生変わらないおかげで、そうした変化にはるかにうまく適応できる。

イギリスのモリフクロウは古い広葉樹林か交雑林を好むが、森林の伐採に直面したときはかなりの柔軟性を示し、商業用の針葉樹植林地でもよしとすることがわかった。ただし、適度な数の空き地と乗馬道で分割されている場合にかぎる（いっぽう、ヨーロッパ大陸の針葉樹林は、多数のモリフクロウを養っている）。また、イギリスのモリフクロウの多くは、郊外へ首尾よく引っ越して都市化に対応したが、よりによって都市のど真んなかに移り、高層ビルの桟の片隅や隙間に巣を作る個体もいる。

どんな生物でも、食にうるさいと、変化する環境において生き残る可能性がいちじるしく減る。もし、パンダが適応力スペクトルの片端に位置するなら、モリフクロウは反対の端にかぎりなく近くなるだろう。

モリフクロウは自分より小さい生き物なら、這おうが、にょろにょろ進もうが、走ろうが、飛ぼうが、泳ごうが、およそなんでも嬉々として食べる。最もよく狩るのは小さな齧歯動物だが、食餌の構成はある程度まで季節周期と植生、さらにはイタチやオコジョとの競争がどれだけ激しいかによって変化する。オックスフォードシャー地域のモリフクロウの個体数を調査した有名な研究では、食餌内容の六〇パーセントがハタネズミとモリネズミ、および少数のトガリネズミで構成され、じつに九五パーセントもの割合がさまざまな小型のほ乳動物――ネズミ、モグラ、若いウサギ――だったという（フクロウはふつう、トガリネズミに手を出さない。小さすぎて手間暇かける価値がないし、その防御メカニズムのせいでひどい味がするからだ）。

田園地帯では、小型の鳥がモリフクロウの食餌に占める割合はわずか五から一〇パーセントだが、都市部では、森の生息地域が失われて都市に引っ越した開拓者たちが、スズメ、ムクドリ、ツグミ、クロウタドリ、ハト、ときにはカケスも主食にしている（みごとなまでに野心的なモリフクロウが、街なかの池からマガモを獲っていた記録もひとつある）。モリフクロウはまた、よく足で歩いてカブトムシやナメクジやカタツムリなどを狩る。なかでも多いのがミミズだ。水辺近くに住む個体は、貝類などの軟体動物やカニを食べており、浅瀬を歩いて魚を捕まえる姿も撮影されている――その魚は、ミノウやキンギョといった小魚から小型のマスにいたるまで多岐にわたる。

モリフクロウの最も特徴的な狩りの手法は、見張り台となる木を日暮れに選び、辛抱強く待つというものだ。彼らは眼下の獲物の動きに目を光らせ、耳を傾ける。餌候補の居場所をつきとめると、その方向と攻撃距離をきわめて正確に判断したうえで、じかに飛びかかるか、滑空して爪でつかむ。メンフクロウとはちがい、狩りの巡回――開けた土地を何度も行きつ戻りつし、眼下の獲物を探す行為――をしないが、森のなかを枝から枝へ短距離飛行する間《かん》においしそうなものを見かけたら、好機を逃さず日和見的な狩りも行なう。暗闇でも——よく知っている地面においては——獲物の位置をつきとめられる。そのさいには、いちじるしく鋭敏な目と耳を等しく活用する。

生き延びるための大きな要素が、捕食者に食べられないようにすること、すなわち忍び寄ってくる相手をもっぱら目で認識して逃げることである動物は、より広い視野を得るために、おおむね幅が狭い頭蓋の側面に両眼がついている。かたや、生き延びるための要素が獲物に忍び寄ることである動物は、一般的に幅が広い頭蓋の前面に両眼がついている。そのおかげで両眼視（ふたつの視野が重なりあい、ひいては立体視が可能になる）能力が増し、餌動物がいる方向ばかりか距離も正確に判断できる。

たとえば、ハトはなんと三四〇度もの全体視野を持ち、盲点は頭の背後のわずか二〇度だけだが、両眼視できるのは前方のおよそ二四度という〝薄く切ったパイ〟状の範囲だけだ。かたやモリフクロウの視野は、おそらくハトの視野の半分よりもまだ狭いくらいだが、じつに七〇度もの範囲を両眼視できる。ぼくたち人間も目のつきかたは同様で、およそ一八〇度の全体視野——だいたい耳から耳までの範囲——のうち約九〇度が、自然に両眼視になる。ところが、人間は頭蓋を動かすことなく眼球を回して一四〇度の範囲まで立体視を得られるとはいえ、うしろを見るために頭を回転させることはできない。フクロウはこれができ、ゆえに彼らのほうに軍配があがる。

民間伝承とはちがって、完全な暗闇ではフクロウも目が利かない。ただし、〝完全な〟暗闇の定義はぼくたち人間と大きく異なる——実のところ、大空の下ではまるきり光がなくなることはありえない。フクロウの目はごくかすかな光源でも利用できるよう進化し、人間には真っ暗闇に見えるどんより曇った月のない夜ですら、きちんと機能する。フクロウの視覚が人間の視覚にくらべてどの程度すぐれているか、さまざまな推論が発表されているが、的確な照合条件を定めて数多《すうた》の可変要素を除外できる実験手法を考案するのはきわめてむずかしい。とはいえ、平均的な夜行性フクロウの〝視覚の絶対閾〟——つまり、それ以下だと光の存在を感知できなくなる限界点——は人間のわずか二・二倍低いだけで、人間でも例外的に一部のフクロウより絶対閾が低い者もいる（ちなみに、この点については、ネコのほうが両者よりも成績優秀だ）。もちろん、実際問題としてフクロウに重要なのは、実験室の環境下で人間よりいかにすぐれているかではなく、自然環境下の光で目がいかにうまく機能するかだ。

光量調整の可能な室内の人工暗闇においていくつか実験が行なわれ、軽い紙片が妨害物として無作為に吊りさげられたコースをメンフクロウに飛ばせた。その結果を数学的に解析すると、こうした条件下では、かすかな光を利用するフクロウの能力は人間や昼行性の鳥のおよそ一〇〇倍に達することが示唆された。とはいえ、最終的に、絶対的な暗闇と呼べる領域以下まで光源を弱めると、フクロウは紙片にぶつかり、その後は賢明にも実験への参加を拒んだ。モリフクロウも、雲にどんより覆われた夜にうっそうと茂る樹木の下を——つまり、自然環境下では最も暗い条件で——飛んだ場合は、木の枝や、ときには幹にすらぶつかることを示す証拠がたくさんあり、対照研究では昼行性の鳥よりも衝突による怪我の頻度が高いことが示されている。

どの程度の光があれば、フクロウは獲物の居場所をつきとめられるのか。人間の視覚と比較して計測しようと、数多くの実験が行なわれた。その結果、ある科学者がフクロウは自分よりも三〇〇倍ほど能力が高いことを示したが、この結論を得るために用いられた手法は、ほかの科学者にはやや粗雑に感じられるようだ。じゅうぶんな一貫性のある条件を確保できなかったばかりか、動機づけの問題もないがしろにされていた。すなわち、空腹のフクロウにくらべて、くだんの科学者がどれほど切実にネズミを見つけたがっていたのか、という点だ（ついでながら、聡明な読者は体温にも注目するだろうが、これらの実験においては死んだネズミしか用いられていない。いずれにせよ、フクロウが赤外線視によって熱源を探知できるという説は、誤りであることが証明されている）。

このように不確実な要素は多いが、よく引き合いに出されるたとえがひとつある。いわく、〝フクロウは、一本の蠟燭に照らされたサッカー場で一匹のネズミを見つけることができる〟。これは事実かもしれない。だが、特定のフクロウを使って、特定のサッカー場で、特定の自然光と天候のもと、特定の距離と角度に置いた蠟燭で特定の色のネズミを照らした場合にかぎる。煎じ詰めれば、いまぼくたちに言えるのはたぶん、以下のとおり。（a）暗闇において、フクロウは人間よりもはるかに目が利くが、（b）これは視覚が絶対的にすぐれているおかげではなく、極限の条件下で視覚をほかの感覚と調和させて用いることに慣れているからだ。フクロウはぼくたち人間よりも格段に視覚がすぐれているわけではない。はるかに効率よく使っているだけなのだ。

フクロウの〝暗闇でものを見る能力〟には明確な限界があることから、実のところ、聴覚は少なくとも視覚と同じ重要性を持ち、暗闇がごく深い場合は、視覚よりもはるかに重要になってくる。

高度に発達したフクロウの耳は、顔盤の縁のすぐうしろにある垂直な二本の〝溝〟のなかに存在する。ちなみに、この顔盤の形は安定している。縁にびっしりと生えた襞襟状の羽毛が皿の形を保っているからで、顔の細かい羽毛もまた、安定性にひと役買っているらしい。音の高さすなわち周波数は、キロヘルツという単位で測定される。人間の耳（重要な但し書きとして、若者にかぎる）は、二から二〇キロヘルツまでの音を検知できるが、最もよく聞きとれるのは四キロヘルツ前後だ。モリフクロウの聴力も、三から六キロヘルツの中周波帯で最も正確になる。一定の周波数において、フクロウの耳は人間の耳よりも一〇倍鋭敏であると推定される。この値は種によって異なり、たとえばメンフクロウの場合、最適な周波数帯域は七から八キロヘルツだ。フクロウの聴力は、昼行性の鳥よりも三〇〇倍も鋭敏であると推定される。ただし、視力と同じで、人間やネコとくらべた場合はさほど卓越していない（また、視力の場合もそうだが、どんな数値についても、暗騒音などの可変要素を考慮に入れる必要がある。当然ながら、耳に頼る狩りは、静穏な夜に畑の真んなかで行なうよりも、風の強い夜に森のなかで行なうほうがはるかにむずかしい）。

齧歯動物が草や落ち葉のあいだを抜けるときのかすかな音も、フクロウの聴覚は聞き取ることができ、その餌候補が愚かにも甲高い鳴き声をあげようものなら、狩りはますますたやすくなる――音が高くなれば、その位置を的確につかむフクロウの能力も高まるのだ（トガリネズミは声の高いけんか好きな動物で、夜間の〝騒音自粛〟も浅はかなまでにゆるい。フクロウがとうの昔に彼らを絶滅に追いやっていない理由は、ひとえに、おそろしく味がまずいからだろう）。

フクロウのなかでも夜行性の強い種は、聴力が鋭敏なことに加え、耳に届く情報の処理能力がきわめて発達しており、注意をそらす背景の雑音をふるいにかけて、関心を引いた音のみから結論を引き出せる。彼らの脳には一種の〝目標捕捉コンピューター〟があり、カサカサ、キーキーといった興味をそそる音の角度や距離を計算できる。また、モリフクロウなど一部の種では、耳が非対称なおかげでこの計測力がさらに増大する。片方がもう一方よりもわずかに高く、角度もわずかに異なるため、たとえ頭をぴくりとさえ動かさずとも、それぞれの耳に音の到達する時間がわずかながらちがう。モリフクロウの場合、非対称になっているのは、頭蓋を通る耳孔ではなく、外耳のやわらかい〝耳介〟の部分だけだ。種によっては、両耳の非対称性がさらに顕著で、片方の耳の溝がもう一方よりも見るからに大きく、ひいては頭蓋の形が少しばかりいびつになっている。

このように万能な視覚と洗練された聴覚装置に恵まれたおかげで、フクロウは夜間の狩りでめざましい能力を発揮するばかりか、裏を返せば、敵に忍び寄られる危険性もいちじるしく低い。世界のほかの地域では事情がちがうとはいえ、イギリスにおいては、体格が大きめの種のフクロウで能力にとくに問題のない成鳥の場合、恐れるべき自然の捕食者はごくわずかしかいない（ウサギの数がとりわけ乏しい時期に、日中ねぐらにいたモリフクロウがノスリに連れ去られた報告が一例ある。だが、このモリフクロウは必死に戦い、襲撃者に深刻な傷を負わせたらしいので、おそらくまれな事例と思われる。というのも、捕食者はつねに、楽に殺せる獲物を好むからだ）。

モリフクロウはイギリスでは比較的数が多く、永続的な縄張りに定着しているおかげで、鳥類学者たちはその生活様式をかなり詳しく研究することができた。育雛《いくすう》についてはとくにそうで、一年のこの時期には必然的に巣の近くから離れず、行動様式も反復的になる。

モリフクロウの雄と雌が相手を探しはじめるのは、年の変わりめのあたりで、およそ月齢八カ月に達するころだ。このころにはもう、秋に確保した縄張りにおいて、はじめて迎える冬の最初の衝撃を生き延びている。縄張りを持つ肉食動物の求愛は、当然ながら緊張をともなう。なにしろ、本能的にあらゆるよそ者に立ち向かい、追い払い、攻撃するようにできているのだ。モリフクロウの雌雄間の見かけの相違はたとえ存在するにせよごくささやかだが、どうやら、鳴き声によって互いの性別と個体を認識できるらしい

(モリフクロウではないが、互いに接近する前に、作法にのっとって一定の距離から二重唱を歌うフクロウもいる)。

雄のモリフクロウはおなじみの〝ホーホー〟という震え声をあげ、雌は〝キウィック〟という鋭い呼び鳴きで応じると言われている。たしかにそうなのだが、雌雄の区別はさほど厳密ではなく、雄も雌も同じ音をたてる。ただし、ひと続きの会話としてではない。マンブルはどこか遠い鳴き声を耳にすると、突然〝キウィック〟と叫ぶが、自分から遠くへ呼びかけるときは〝ホーホー〟と鳴く。おそらく雌雄どちらの場合も、〝ホーホー〟は問いかけで、〝キウィック〟は応答ではないだろうか。

ともあれ、人間にたとえるなら〝メールと電話による対話〟の段階がうまくいくと、雄は雌の近くへ飛んでいき、しばらく木々のあいだを真剣に追いかけっこしたあとで、おずおずと対面する。以降は、身ぶり言語が主要な役割を果たす。ひとたび雄と雌が武器を脇に置いて成鳥らしく話しあうことに同意したら、一本の枝に腰を落ち着けて面と向かって交渉する。求愛中の雄が雌の気を引くために食べ物をプレゼントする事例も目撃されている。雄は低いつぶやきや甘い歌やコッコッという声を口にしながら、にじり寄ったり離れたり、体を揺すったりうなずいたりし、翼をあげて体羽《たいう》を膨らませるしぐさを繰り返す。ときには、雌の近くに寄って嘴を甘噛みすることも許される。

運に恵まれれば、この熱演がやがて実を結び、雌から何度もやさしく誘われる。そこで雄は背後から雌に乗り、あとは自然の経過をたどる。多くの鳥の種がそうであるように、性衝動が強い割に、実際の交わりはいたって短く機械的で、どう考えても恍惚感に乏しい。羽毛に隠された総排出腔を一直線上にそろえる形になるので、どのみち、ぼくたち人間にはこの過程を経るのは不可能だが、モリフクロウにとってはうまくいき、絶頂の瞬間が過ぎると二羽は横に並んで眠る。当初は互いに警戒していた事実を忘れ、ぴったり体を押しつけあい、長い時間をかけて互いの顔や頭や首を羽づくろいする。これは絆を強めるためのすこぶる心地よい手法のようだ。

どんな場合でも相手を裏切らないのかどうかは不明だが、モリフクロウは一雌一雄主義の鳥だ。異論は存在するものの、鳥類学者の大半は、モリフクロウが一生同じ相手とつがうものと考えている。とはいえ、一年じゅう行動をともにするのではなく、べつべつに眠ることも多い。とくに秋、雛が巣立つ時期には別居が目立つ。だが、それでも、つがいの絆が結ばれるとすぐさま双方の狩りの縄張りをつなげ、以降は生涯これを二羽で分かちあい、一体となって競争相手を追い払う。一九五〇年代はじめにオックスフォードシャーのおよそ五二〇ヘクタールの地域で実施された有名な調査（イギリスのモリフクロウ研究の草分けであるH・N・サザーン博士が率いた研究）では、つがいの縄張りはだいたい一三から二〇ヘクタールと推定された——うっそうと茂る森林では狭く、雑木林や開けた田園地帯では広い。縄張りの大きさは、餌となる動物の豊富さに左右される。イギリスの北部地域では、三二ヘクタールにもおよぶ縄張りが記録されている（また、獲物がはるかに乏しい針葉樹林で実施されたドイツの調査では、つがいの縄張りは数百ヘクタールにおよぶと示唆された）。こうした縄張りの境界は年ごとの変化がほとんどない。雄も雌もともに、競争相手のつがいや秋にはじめて縄張りを探す若鳥から、自分たちの狩り場を猛然と守るからだ。

イングランドでは、モリフクロウのつがいは毎年二月から三月にかけて営巣し、縄張り内の手ごろな二、三地点を繰り返し利用することが多い。食習慣と同様、巣作りもきわめておおらかだ。わざわざ自分たちで巣をこしらえず、もっぱらすでに樹幹や切り株にあいている穴に移り住む——たいていはキツツキからの無償提供だ。そうでなければ、ハイタカ、コクマルガラス、カササギといった大きめの鳥が放棄した巣か、ときには古いリスの巣までも引き継ぐ。メンフクロウとちがって、人間の近くで暮らすのをよしとしないが、廃屋のほどよい片隅に営巣することもあり、人工の巣箱もじつに快く利用する（とはいえ、メンフクロウ用の巣箱とは異なる形状にしなくてはならない）。落葉層が厚い針葉樹の人工林や、森がまばらなスコットランド高地など地理的に極端な地域では、地面に巣を作ることすらある。この無頓着な姿勢は内装にもおよぶ。モリフクロウはわざわざ巣穴にやわらかい素材を敷き詰めない。卵から孵る雛たちはふわふわの分厚い綿毛でじゅうぶん保護されているからだ。

通常、雌は三月なかばごろから数日かけて白い球形の卵を三から五個産み、雛が孵るまで一カ月弱抱きつづける。この抱卵期のあいだ、雌は雄から餌をもらう。地域や天候、獲物の入手しやすさといった変動要素によって、雛の孵る時期は異なり、四月じゅうにすべて孵化を終えることもあれば、場合によっては六月までかかる。最後の雛が卵から出てくると、大きさにもよるが、毎日ざっと二、三〇匹ほどの獲物を雄が捕まえてこなくてはならない。雛それぞれに一日数回餌をやる必要があるし、雛とともに巣に残っている雌のために、さらにはこの骨の折れる任務を遂行する自分の力を保つためにも、餌を大量に狩らなくてはならない。その結果、雄はしばしば黄昏時から夜が明けたあとまでも狩りを続けて、飽くなき家族の要求を満たすはめになる（どう考えても、当の雄にとっては楽しいどころではない状況だが、おかげで、ぼくたち人間は日中に野生のモリフクロウを目にする貴重な機会を得られる）。

雛は雌とともにおよそ三週間巣で過ごし、力と自信を蓄えたあとで外に這い出てあたりを動きまわりだす。みるみる成長し、体の大きさが増すとともに食欲も旺盛になる。この時点にいたるともう、家族を養う義務は、いかに献身的な父フクロウでも単独では支えきれない。ゆえに、その後は雛が巣立つまでずっと両親が代わる代わる狩りの当番に勤しみ、雛たちは餌を親に頼りきったままさらに一二週間過ごす。雛たちの貪欲な要求を満たすため、両親はこの期間に延べ一〇〇〇匹をゆうに超える齧歯動物や小鳥を供給しなくてはならない。昼行性の猛禽類は、たいてい獲物をひと口サイズに引き裂いて雛に与える。最初のうち、モリフクロウの母鳥もやはり餌動物を大まかに分解する――少なくとも、頭を落とす――が、ほどなく雛たちの爪と嘴が強靭になり、呑みこむには大きすぎる餌にも対処できるようになる。

雛たちは恐れを知らず、好奇心が強い。まずは巣のすぐ近くを探検して自分の強さと敏捷さを試し、それからもっと遠くへ冒険に出る――〝活動範囲の拡張〟と呼ばれる行為だが、おかげで両親の子育てはいっきに複雑化する。雛たちがてんでばらばらな方角に探検に出るからだ。これは生存価、すなわち繁殖を助ける特性であり、大声で食べ物を要求する雛たちを捕食者が皆殺しにする危険性を減らす。雛たちはまだふわふわの綿毛に覆われているものの、未熟ながら翼と尾の羽が顔をのぞかせはじめ、日々強靭になっていく。当初はぴょんぴょん跳ぶことしかできないが、一週間ほど巣の外で過ごせば野心的になる。二週間も経てば、〝パラシュート降下〟から束の間の滑空へと発展させ、それから（ある程度の試行錯誤を経たあとで）本格的に羽ばたいて一地点から一地点へと飛びはじめる。

成長段階のこの時期に、人間が地面の上や茂みのなかに〝迷子の〟雛を見つけることがある。実のところ、たいていは迷子ではなくただ探検しているだけだ。怪我をしていなければよじ登る力はじゅうぶんあり、おそらく自力で問題なく巣に戻れる。見るからに怪我をしているか、危険な場所にいる場合をのぞき、〝救助〟志願者は、雛がシャーッと威嚇していじらしくも果敢に示す抵抗をないがしろにしてはならない――この幼さでも、彼らは何が自分にとって最善なのかわかっているのだ。

巣を出ておよそ七週後には、モリフクロウの雛は両親とほぼ同じ大きさに達する。その後さらに四、五週のあいだ――つまり四月に孵った雛はだいたい七月中旬まで、五月から六月にかけて孵った雛は八月、あるいは九月になるまでずっと——両親の縄張りを探検しつづける。なんであれ動くものに目を奪われて飛びかかる衝動は、生まれつきのようだ。当然ながら、この若鳥の時期に、親鳥の見よう見まねで獲物を見つけて殺す練習を行なうものと推測される。ところが、これに関する研究はごくわずかしか行なわれておらず、しかもある論文では、巣立ちまでのあいだ、観察対象の雛たちは自分で獲物を捕まえず親フクロウに食べ物を依存しつづけたことが報告されている——なんら進歩が見られず、探検中にたまたまたどり着いた枝からひたすら食べ物を要求するだけなのだ（ティーンエイジャーの親にとっては身につまされる話かもしれない）。

この驚くべき報告が真実なら、若鳥たちは——巣から出ておよそ一二週間後に——両親の餌やりが中止され、ちりぢりに独立して自分の縄張りを探すはめになったとき、過酷な苦境に直面するはずだ。晩夏のこの時期に家族は解体し、疲弊した両親は数カ月のあいだ別居する——ただし、いずれも共同の狩りの縄張りに留まる。この時点から、わが子は競争相手となり、ほとんどが自立する（とはいえ、若鳥と母鳥が引きつづき一緒にいる姿がときおり目撃され、近くの枝に止まって互いに会話調で鳴き交わしている）。

野生下では、モリフクロウの雛の死亡率にかなりの幅がある。地域的な相違が生じることや、ただ単に、うっそうとした森林地帯で統計学的に意味のある研究を行なうのはむずかしいことから、確たる概括的な数字はほぼなきに等しい。とはいえ、ひとつだけごく明白に思えるのは、若いフクロウの生存確率は周辺の餌動物の数に左右され、その数が二、三年周期で大幅に変動することだ。

科学ではまだ説明されていないメカニズムによって、フクロウは縄張り地域に住む餌動物の数の変動に前もって対応し、雛鳥の数を調整できるようだ。いちじるしい〝ハタネズミの凶作年〟には、その地域のモリフクロウはひとつも卵を産まない。限界ぎりぎりの年には卵の数が少なく、しかも雛の一羽か二羽が確実に巣内の競争の犠牲となる。だが餌動物が豊富な年には、産み落とされる卵の数が多く、自立するまでに命を落とす雛の数が減る。また、餌の量が豊富であれば巣立ちまでの期間が短くなるが、統計から、早く巣立ったフクロウは寿命が長いことがうかがえる――おそらく、木々の葉が落ちて気候が寒くなりはじめるときにはもう、体が強靭になって自活力もついているからだろう。

モリフクロウは巣とわが子をすさまじく勇猛に守り、脅威とみなせばたとえ人間でも躊躇なく攻撃する（モリフクロウの攻撃で片目を失明した博物学者もひとりやふたりではない）。とはいえ、当然ながら、周辺を探検しはじめたとたん、フクロウの雛たちは捕食者にやられやすくなる。この不慣れな探検中はつねに脅威にさらされる――イギリスでは、おもにコクマルガラス、ハイタカ、オオタカ、ノスリ、キツネに狙われる――わけだが、その度合いもまた、餌になる小動物の周辺生息数と相関関係がある。捕食者の餌の一部が、フクロウの餌と重なりあうからだ。齧歯動物が豊富なら捕食者の脅威は減るが、乏しければ、捕食者がフクロウの雛を捕る確率は高くなる。

あるデンマーク人鳥類学者の計算によれば、ハタネズミが少ない年には、調査地域のフクロウのうち三六パーセント――とりわけ孵化の遅かった個体――が親から自立する前に命を落としており、その圧倒的多数が捕食者、なかでもキツネの犠牲になっていた。餌動物がきわめて乏しい年にイギリス北部の針葉樹林で実施されたある研究において、モリフクロウの雛の死亡率は九一・七パーセントと驚異的な値にのぼった。もっとも、前述のオックスフォードシャーの調査では、餌動物が豊富な年には七月下旬までの死亡率がわずか四パーセントに留まり、一六パーセントを上まわることはけっしてないという結論をくだしている。

若鳥が親元を離れて個々の縄張りを確立させはじめると、おそらく死亡率がはるかに高まり、自立して最初の六カ月は六〇パーセントにのぼるものと思われる。生存を左右する最初の数週間は、しばしば競争相手との戦いを――あるいは、少なくともそれなりの威嚇誇示《ディスプレイ》を――強いられる（モリフクロウは一般的に、はったりで脅すよりも戦うほうを好むようだ）。秋の夜に声高な鳴き声がホーホーと聞こえてきたら、親鳥がわが子を追い払っているか、モリフクロウの成鳥が縄張りから遠ざかるよう近隣の若鳥に警告しているしるしだ。この時期にはまた、モリフクロウの若鳥は試行錯誤を経て自分で餌を捕るすべを身につけなくてはならない。

幸運に恵まれるか大胆不敵なら、かなり近くの縄張りを見つけられる、または勝ち取れる――以前の縄張り主が死ぬか立ち去るかして空き家になっていた場合や、周辺の若鳥の個体密度が低いおかげで相手がしゃにむに縄張りを守ろうとしなかった場合だ。注目すべきことに、モリフクロウの〝地主〟が死亡したとき（つがいの片方が死ぬともう片方もさほど長くは生きないという事例証拠がいくつかある）、空き家になった縄張りは隣人によって自動的に引き継がれるわけではない。モリフクロウの狩りが成功するか否かは、単なる縄張りの広さよりもいかに縄張りに精通しているかに左右されるため、空き家となった土地は、すでに定住地を有するつがいよりも、はじめての縄張りを探す若鳥にとって魅力が大きい。

フクロウは一日に体重の二割程度の量を食べる必要がある（今度、あなたが風呂から出て体重計に乗ったときに計算してみよう。ぼくの場合、毎日一五・四キロも消化することになる――ブリタニカ百科辞典七巻分の重さだ）。もし、モリフクロウの若鳥が毎夜狩りを行なう力を維持しつつ、秋から初冬に備えて力を蓄えられるほど餌を捕まえられなかったら、じきに飢え死にするだろう。たとえ狩りの能力をすばやく身につけたとしても、周辺の競争が激しければ、遠く離れた場所で縄張りを探さざるをえない（ときには、はるかかなたまで遠征する。ある記録によれば、ノーサンバーランドで五月に足環をはめられたモリフクロウの若鳥が、その年の一一月に一一〇キロも離れたダンフリースで発見されたという）。

たとえ若いモリフクロウがなんとか縄張りを手に入れ、木の一本一本、土地の隅から隅まで必要な情報を蓄積しはじめたとしても、最初の冬の訪れとともに、飢えた捕食者に殺される恐れや単純に餓死する恐れは着実に増していく。イギリスのモリフクロウの個体数についてはは信頼できるデータがほとんどないが、ヨーロッパ大陸の統計をいくつか参照するだけでも、容赦ない現実が浮かびあがる。あるスウェーデンの調査では、若いモリフクロウの死亡率は一年めで六七パーセント、二年めには生き残った個体のうち四三パーセントにも達する――つまり当初一〇〇羽の雛がいたとすると、三年めにはわずか一九羽しか生き残らないことになる。若いフクロウにとって一年めの冬は最も過酷なわけだが、餌が豊富な縄張りにすっかり精通するまでにはどう考えても一年以上かかる（また、二年めの死亡率がかなり高いのは、もしかすると伴侶を見つけそこねて、じゅうぶん広い共同縄張りを構築できなかったせいかもしれない）。

民間伝承では不当に邪悪なイメージを負わされているが、人間が資源を奪いあう相手とみなして組織的にフクロウを迫害した事例は、イギリスにはわずか一件しか見当たらない。だが、その迫害は長らく続けられ、痛ましくもつい最近まで存在した。十九世紀なかばから二十世紀なかばにかけて、猟場の番人が昼行性、夜行性を問わずあらゆる猛禽類を〝害鳥〟として殺害していたのだ――人間が最終的に銃で撃つために大量飼育している狩猟鳥の雛を猛禽類から守るには、必要な行為だという信念のもとに。

この大規模な（そして、結果的に無意味と判明した）殺戮はしだいに減っていき、一九五四年にはついに最初の鳥類保護法が成立して、さらに一九六七年に改正された。そして一九七〇年代、モリフクロウがゆゆしき数の狩猟鳥の雛を獲っているという説は、鳥類保護組織とスポーツハンティング団体が共同で実施した反駁の余地がないほど大規模な調査によって、誤りと証明された。誤差分を大幅に積み増したうえですら、狩猟鳥の雛のさまざまな死因のうち猛禽類によるものは、暴行と偶発的な事故を足してもわずか五パーセントほどで、かたやキツネ、イヌ、ネコ、ミンクといった地上の捕食者が奪った命は少なく見積もっても五〇パーセントに達することが判明したのだ。それ以降も、鳥類保護とスポーツハンティングの関係者による創意に富んだ協力で、猛禽類の有責比率はいっそうさがっている。

ところが、悲しいかな、迷信があまりにも根強いせいで、今日でさえ、無差別かつ残酷きわまりない違法な罠の犠牲になるモリフクロウがいる。幸いにも、死肉をほとんど口にしないことから、少数の猟場番人がいまなおあちこちに仕掛けている毒餌にモリフクロウがかかる恐れは少ないが、ほかの猛禽類の場合、この毒餌によっていちじるしい数が殺されている。とりわけ、スコットランドにおいてそれが顕著だ（ちなみに、化学農薬の体内蓄積もたしかにフクロウの死亡要因だが、モリフクロウはメンフクロウよりも犠牲になりにくい。というのも、化学農薬が大量に使用される農耕地ではなく、森林や樹林草原で餌動物の大半を狩っているからだ）。

イギリスの低地で近年人類がフクロウにもたらす最大の脅威は、空中架線や鉄条網、そして――ほかの何よりも――自動車に衝突することだ。日中に空高く舞うチョウゲンボウと同じく、フクロウも道路端を狩り場として重宝しており、夜に低空飛行するせいで危険が大幅に増す（ある報告によれば、ドーセットの道路延長およそ五〇キロの範囲で、六カ月間に七六羽のフクロウが通行車両に殺害された。しかも、この数字は、道路上または道路べりで実際に見つかった死骸の数にすぎない）。とはいえ、イギリス国内の調査によると、モリフクロウの個体数はここ数世代いたって安定的で、成鳥の年間平均死亡率はおよそ二〇パーセントに留まっている。概して健全な数値であることから、じゅうぶんな数の個体が首尾よく繁殖して家族を養い、全体の個体数を維持できていることがうかがえる。

しかしながら、個々のモリフクロウにとっては、野生下での生活はつねに危険に満ちている。足輪をつけられたある個体が、二一歳五カ月というじつに驚くべき長寿をまっとうした記録はあるものの、平均寿命はわずか五年ほどのようだ。人によっては、野生のモリフクロウを野蛮で不快だと感じるかもしれないが、その一生は疑いようもなく短い。この無慈悲な運命にマンブルが身を投じずにすんだことを思うと、ぼくの心はいまなお慰めを覚える。

第5章　誇り高きマンブル

一九七九年のはじめに、マンブルはすっかり成長し、全身を綿毛ではなく羽衣《うい》に覆われたフクロウとなって、その後数カ月のあいだ、ぼくたちはともにそれがもたらす状況に慣れる必要があった。野生下では、マンブルはもう狩りの縄張りを手に入れ、それを守っているころだ。おそらくここへ来て最初の数カ月は、ぼくのことを食べ物をくれる相手、いわば母親とみなしていたはずだが、ひょっとして、いまや自分の縄張りに侵入した競争相手とみなしはじめているのだろうか。そう考えて、ぼくは自分だけでなく、ほかの人間に対する態度やふるまいを注意深く観察することにした。

日記からの抜粋

一九七九年一月八日（孵化後約九カ月）

マンブルはまだ訪問者たちにそこそこ愛想よくふるまい、強い縄張り意識を示すそぶりはいまなお見られない。もちろん、来客の予定があるときは、けっして室内放鳥をしないようにしている――玄関ベルを鳴らした人間がマンションの管理人だった、なんて可能性も否定できないし、いずれにせよ、驚く訪問客の横をマンブルがさっと抜け出して共用通路を飛びまわったあげく非常扉にぶつかる、といった愚かな危険を招くつもりはない。

もし、訪問客が部屋に入って腰を落ち着けたあとで、バルコニーからマンブルを連れてきてくれとせがんだら、ぼくはいつも、少しばかり刺激的な体験になるかもしれないと警告する。男性の友人は、純然たる好奇心に男としての自己顕示欲をにじませて、この忠告を一蹴することが多い。実のところ、ぼくが室内に連れてきて放しても、マンブルはあからさまな敵意を示さない。扉の上の止まり木から客を注視することもあるが、たいていは自分の関心事に没頭し、人間のことは放っておく。とはいえ、ぼくにしろ客にしろ、部屋のなかを動きまわっていると射的場の的扱いをされてしまう。

たとえば、マンブルは廊下の向こう端の電話台で暗がりにまぎれて静かにうずくまり、一見、ぼくたちになんら注意を払っていないように思える。ところが、だれかが廊下のこちらの端、つまりリビングとキッチンのあいだを横切ろうとしたら、マンブルが薄暗がりから猛然と飛び出してきて足を襲う。幅一二〇センチほどの通路は二歩もあれば渡れ、ほんの束の間のチャンスなわけだから、マンブルの反応は信じられないほど迅速だ（たぶん夜の森では、多数のハツカネズミやハタネズミが自分の身に何が起きたのか知らずに死んでいるにちがいない）。人間の足に魅了される理由がつねに靴ひもなのかどうか、確信はない。いつも、人間が誤って踏みつけないように足を止めると、マンブルはぎりぎりの瞬間に急旋回し、ゲームを台無しにされてがっかりしたようすで、足のうしろに着地する。そのあとは軽快に羽ばたいて〝攻撃の最前線〟に戻り、キッチンから人間がまた現れてもう一度攻撃できる瞬間を待つ。［ぼくの友人の］ウィルはこれをひどくおもしろがり、マンブルの敏捷さに対する挑戦と捉えているが、ほかの客たちはちょっぴり怯えた表情をして、ぼくがまず廊下に出て敵を引きつけるまではキッチンから出たがらない。

マンブルが訪問客をもう少し詳しく調べる気になった場合、すぐ近くに来て絡むので、客のほうはかなりの精神力を要する。絵本から抜け出したような見かけに騙されて、彼らはたいてい、当のフクロウの意図よりも穏やかな光景が提供されるものと期待するが、マンブルはときおり、ぼくに対するのと同じ乱暴な親しみを込めて応対する。客の靴ひもを食べようとしたり、場合によっては――もっと不安を煽ることに――ソファの上の客の横で〝ネズミ狩り〟ゲームに興じ、蹴りを入れながら翼を羽ばたかせる。最初の数カ月は、他人に示す親しげな態度は、たまに肩に降りてきて耳や髪の毛をそっと甘噛みする程度だったのに、いまや頭の上にじかに乗ることもちょくちょくある。職業柄、古い軍用ヘルメットをいくつか所有していたので、ぼくはやがて、マンブルが室内をうろついているときはこの〝鉄かぶと〟を客に支給するようになった。これをかぶれば事故を防げるだろうし、いずれにせよ、フクロウが愛らしいぬいぐるみよりはるかに危険なことをはっきりと客に認識させられる。

マンブルの当時の月齢は正確に思い出せないが、ある週末の午後、隣人にして古い友人のジェリーが一杯やりに訪れ、前述のウィルも、ハワードというアメリカ人の友だちを連れてきた。ハワードはぼくの風変わりな家族構成をごく平然と受け止めてくれたし、いかにも温厚な書店員らしい風情にもかかわらず、じつはベトナム戦争で勲章を授けられたアメリカ空挺部隊の大尉だった。とはいえ、みごとな禿げ頭の持ち主でもあり、名誉負傷章をもうひとつ授ける権限などぼくにはないので、念のため全員に鋼鉄製ヘルメットを支給した。

三人の訪問客がワイングラスを手にソファに並んで座っていると、マンブルがリビングの扉の上に現れ、くすんだ褐色《ドラブ》の金属製のカメ三匹を興味深げに見おろし、首を傾けたりぐにぐにに上下させたりした。それから狙いを定め、真んなかのカメめがけてパラシュート降下した。ジェリーのざらざらしたつや消し仕上げの軍用ヘルメットに着地した瞬間、爪が甲高いきしみ音をたて、マンブルがバランスをとろうともがいた。

会話は尻切れトンボになり、三つの頭がジェリーのほうを向いて見つめた。彼の笑みはぴくりとも揺るがないが、眼球は上に回されてカツンコツン鳴る金属製の覆いに向けられ、本能的に頭がわずかばかりうしろにそらされた。彼がかぶっていたヘルメットはたまたま、端整な一九一八年式スイス軍モデルで中世の軽かぶと《サレット》に似ており、つばが浅い角度で前面から横へおりていた。当然ながら、ヘルメットがうしろに動くとマンブルは平衡をとるために前へ足を踏み出し、やがてヘルメットのつばの縁に到達した。カツン——コツン、カツン……ジェリーは黙ってじっと座り、緊張した眼《まなこ》を上に向けている。

ゆっくりと慎重に、マンブルは前へ進み、縁から身を乗り出した。ジェリーがまず目にしたのは、ヘルメットの縁に丸められた鋭い爪四本の、きらりと光る先端だ。続いて、開いた両足のあいだから上下逆さまの顔が現れ、彼をまじまじと見つめた。マンブルがこの姿勢をとっている——興味津々で、次はどうしようかと考えをめぐらせている——あいだ、ジェリーはことばで表しようのない表情を浮かべ、残りの三人はこらえきれずに大笑いした。マンブルは垂直に飛び立ち、ぼくはジェリーにワインのお代わりを注いでやった。

一月から二月にかけては、モリフクロウが伴侶を見つけて巣作りをする季節だが、なんと、にぎやかな市街地の上空に住んでいるにもかかわらず、マンブルは一年めの冬に、希望を抱く求婚者たちの関心をかなり引いていたようだ。

日記からの抜粋
一九七九年一月一七日
昨夜、キッチンの鳥かごから長々とうるさい音がしていたが、今夜マンブルが起きたときにもまた聞こえた。窓の外のどこかに野生のフクロウがいて、繰り返しホーホーと鳴き、マンブルも加わって鳴き交わしをしている。ただし、〝ホーホー〟に対して〝キウィック〟で応答するのではなく、ホーホーを復唱するのだ。一回の鳴き声は、途中で二拍おいて五秒ばかり続く。〝ホォォォ！［一拍、二拍］ホー、ホーｰホー、ホォォォォ！〟

昨夜、ぼくは三度も起きてキッチンに行き、静かにさせるはめになった。真夜中ごろと、午前一時、そして午前二時ごろだ。不安でたまらなかった。もし、マンションのキッチン側か上階の隣人が鳴き声を耳にし、どこからこの騒々しい音がするのか調べようとしたら……。もっとも、いかな幸運に恵まれようと、彼らが真実にたどり着くことはないだろう。まさか四〇号室の男がキッチンで生きたフクロウを飼っているなんて、まず頭に浮かばないはずだ。

一月二二日

今夜は、室内放鳥時に、野生のフクロウと意見交換を始めた。ぼくの耳に訪問者の声は聞こえないが、マンブルにははっきりと聞こえるらしい。窓から窓へすばやく動きまわり、全面窓の床沿いに足を弾ませて走ったかと思うと、端の窓台へ飛んでいき、一心に外に目を凝らして叫んでいる。やがて窓台のビア樽［陶器製のミニ樽で、もともとは宣伝用の小道具だったのを古道具店で見つけた］の上に止まり、ホーホーと単調に鳴きつづけたので、しまいにはカーテンを引いてどかさざるをえなかった。ぼくがキッチンでのちょっとした用事から戻ってくると、マンブルは蛾よろしく翼を広げた〝獲物を覆い隠す〟格好でカーテンの分かれめの上部にしがみつき、ひたと外を見つめていた。大きく開いた二本の足で、左右のカーテンの端をつかんだまま。

二月一日

昨夜、午後九時ごろ、マンブルはそわそわとリビングを動きまわり、見るからに動揺したようすだったが、興奮のあまりふいに騒ぎたてはじめた。そばに立ってなだめようとすると、横を猛然とすり抜けてバルコニーに通じるガラス扉まで飛び、激しくホーホーと鳴きだす。その姿を目で追ううちに、バルコニーの手すりにべつのモリフクロウが一羽いるのが見えた。マンブルの罵声に意欲をそがれるどころか、ひたすら好奇の目を注いでいる（「いやはや！　勇気のある若者じゃないか……」――ぼくの心の目には、髪をなでつけて口ひげをきれいに整え、片足に花束を持ち、翼の下にはチョコレート・コーティングしたネズミの箱を抱えた姿が映っていた）。ぼくを目にするとそのフクロウは飛び去ったが、しばしためらったあとだったので、なんとなく侮辱された気がした。どうやら、マンブルをかわいいと思うのは、この界隈にぼくひとりだけではないらしい。

二月四日

幾晩か困惑させられたあとで、希望に満ちた求婚者にぶつける金切り声をやめさせる方法が見つかった。マンブルはどの求婚者にも、縄張りを乱されたことへの激しい怒りを全身で示す。およそ直感には反するが、やるべき対策は、ひと晩じゅう部屋のなかを自由に飛ばせること。もしかしたら、キッチンの鳥かごに閉じこめられて自分の領地を守れない無力感が、ほかのフクロウの声が近くで聞こえたときに怒り狂う原因ではないだろうか。ぼくは夜早めに餌をやり、夜更けまでマンブルの機嫌を注意深く見守った。もし穏やかになって気が静まるようなら、寝る前に夜用のかごに閉じこめるが、落ち着きがなく騒がしいようなら、部屋に放したままリビング、キッチン、浴室、廊下を自由にうろつかせる。そうすれば、どうやら夜の過剰な〝ホーホー〟は防げるみたいだし、朝ぼくが起きたときには、マンブルは浴室の扉の上で居眠りをしている。

やむなく夜に閉じこめる場合は、寝る前に古い毛布でかごを覆う。この方法でも、かなり静かにさせられる。そこはかとない罪悪感は覚えるが、隣人の眠りを妨げないため、ひいてはマンブルの身を守るために必要なことなのだ。朝、毛布をはずして扉をあけると、マンブルはまず扉の前の止まり木で〝おはよう〟と鼻をすり寄せられるのを待ち、それから、ぽんとぼくの肩に乗ってしばらくじっとしている。ぼくが慌ただしくやかんを火にかけてコーヒーを淹れるあいだ、ゆっくり時間をかけて、かごを毛布に覆われていたせいで意識がぼんやりした状態から抜け出すのだ。

三月一九日

午後八時ごろ、バルコニーの鳥小屋へ迎えに行った。マンブルはすでにはっきり目覚めて、いらいらと興奮したようすに見えたし、ぼくがバルコニーに出たとたん、近くでフクロウの鳴き声が聞こえた。鳥小屋内に入り、いつもどおりバスケットを開いてマンブルが飛びこむ気分になるのを待った。すると突然、一羽のばかでかいモリフクロウがバルコニーの横を抑えぎみの速度で滑空し、可能なかぎり近づいてのぞきこんだ。いやはや、ここは地上二八メートルの高所なのだが。マンブルは憤怒の金切り声をあげて、鳥小屋内を上へ下へと激しく跳んでまわり、かたやぼくは身をかがめて、できるだけその進路を遮らないようにした——たやすいことではない。なにしろ、大きな衣装戸棚のなかにいるようなものなのだ。色男が姿を消して二分ほど経つと、ようやくマンブルがやや落ち着いて、なんとかバスケットに飛びこませたが、それでも、ひどくいきり立って羽を震わせながらぶつぶつ不平を鳴らしていた。

この二カ月あまり、激高した会話をさんざん聞かされたおかげで、いやでもマンブルのさまざまな〝ボキャブラリー〟をふんだんに書き留めることができた。どうやら六種類の基本型があるようだが、そのいくつかにジャズ的な変奏を加える場合もある。

（1）ふつうの日常会話で使うソプラノの〝クウィープス〟と、アルトの低い甘え声。通常は、あがり調子。

（2）フルートの音色を思わせる、長い鬨の声。かごにいるときにぼくの帰宅を聞きつけた合図、あるいは、暗い片隅か穴に入るときの慎重な注意喚起の呼びかけとして。平板で抑揚も変化もない、短調の〝ウォォォ……ウォォォ……ウォォォ〟

（3）困惑か苛立ちのさえずり。餌をもらうのが遅いか、やりたくないことをやれと要求されたとき──たとえば、朝まだその気にならないうちに、移動用のバスケットに入らされるなど。

（4）憤怒を募らせた、〝沸騰しかかった笛吹きケトル〟状態。たとえば、ハトがあたりに潜んでいるのに気づいたとき。この場合、まずは身をかがめ、ふわふわの喉から吐き出すように尋問して、しだいにすごみを増していく。〝スクウァー？……スクウァー？……スクウァー！……スクウァーック！〟

（5）ほかのフクロウへの通常の呼びかけ。〝ホォォォ！……ホー、ホー－ホー、ホォォォ！〟

（6）〝キウィック！　キウィック！〟──ほかのフクロウに対する応答。ときおり、〝ホーホー〟の代わりに呼びかけに使っている印象を受けるが、実際には、ほぼまちがいなく、ぼくの耳に聞こえない他者の呼びかけに応答しているのだ。

ある夜の一〇時ごろ、窓台にうずくまっているときに、この第六の鳴き声に変奏を加えた。しばらく落ち着いて静かにしていたかと思うと、次の瞬間、頭を上下させて外の何かに目を凝らし、鋭い声で〝ウック！　ウゥック！　ウゥッツク！〟と何度も繰り返したのだ。このときはクレッシェンドでほかの形に変化することなく、しばらく経つと弱まって、少しばかり音階のちがう小さな不平めいたつぶやきに変わった。ひどくとげとげしい、噛みつくような声だ。〝ウゥアック……ウゥアック……ウゥアック……〟

人間のうち、マンブルの勇猛さにだれよりも気丈に立ち向かったのは、オフィスのアシスタントを務めていたジーンだろう。一九七九年六月のはじめ、ぼくは一週間ほど家を空けたいと切に望んでいた。兄のディックとともに、第二次世界大戦のDデー二〇周年を記念するノルマンディー旅行に出かけたかったのだ。この旅行では、熱狂的なファンと、オートバイやジープからM10対戦車自走砲にいたるまでおよそ一〇〇〇台の古い軍用車両が一堂に会する。どう考えても、年代物の偵察用装甲車の後部にフクロウを乗せて外国旅行するなんてできそうにない。イギリス的奇行にも限界はあるのだ。神様の粋な計らいか、ジーンはちょうど同じ時期に数日間滞在する場所が必要になり、勇敢にもぼくのために〝フクロウ守《も》り〟を志願してくれた。

ぼくは良心的に、付随するさまざまな問題について説明したが、ジーンは対処できると請けあった。そこで二四時間の受け渡し期間を設け、両者を引きあわせた。ジーンがフクロウを脚に乗せて引きつった顔で座っている写真を見るたびに、マンブルがやみくもな暴力沙汰なしに彼女の存在を容認したことを思い出す。だが、両者とも見るからに相手を警戒しており、何日も続けてふたりだけで過ごしたらどうなることかと不安だった。しかもその間《かん》、ぼくはフランスの田園地帯《ボカージュ》で、電話などかけようのない場所にいるのだ（念のため言っておくが、これは携帯電話や電子メールが登場するはるか前のできごとだ）。

ぼくはジーンに、人間とフクロウそれぞれの糧食がどこにあるか教え、彼女がフリーザーからこわごわ血の気のない小さな死骸を取り出し、お湯入りのボウルで解凍して、さらに粉末サプリメントをまぶすのを見守った（この商品名〝SA37〟には、さまざまなミネラル、ビタミン、微量栄養素が含まれ、いかなる種類のペットでも、ストレスを受けているか体が弱っているなら与えるよう推奨されていた。この時点でいずれかの範疇にマンブルが入るとは思えなかったが、手引書によれば、いつ夏の換羽が始まってもおかしくないので、おそらくつらいであろうこの体験に万全の体調で臨んでほしかったのだ）。しかるのちに、ぼくは移動用バスケットと二連往復動フクロウ弁《バルブ》の仕組みを細心に実演してみせ、ジーンに保護用ヘルメットと衣服、ゴーグル、手袋をつけさせた。きっと、彼女がはじめてバルコニーの鳥小屋に足を踏み入れたときには、相当な度胸を要したことだろう。

ノルマンディーはしかるべく解放された。サント＝メール・エグリーズのバーで過ごした初日の夜は、じつに印象的だった。バーの店主が祖母をベッドから引きずり出して、五〇人分のフライドポテトを揚げるのを手伝わせたのだ。また、ぼくたちの仲間のひとりが――疲労と感情にのまれて急にぐったりしたあげく――ぎっしり詰まった男たちの頭上をドアのほうへ水平に受け渡されていき、新鮮な夜気にさらされて道の縁石を枕にそっと横たえられたことも、鮮明に記憶に残っている。ちがった意味でやはり忘れられないのは、ある陽光あふれる朝に記念品を探してユタ・ビーチをうろついたとき、潮だまりの岩ふたつのあいだに、弾薬筒ばかりか、アメリカ兵の戦闘用上衣の襟がいまなお封じこめられているのを発見したことだ。

ところが、そのあとは雨が降り、しかも降りつづけた。せめてもの慰めは、カルバドス・ブランデーの味を知ったこと、そして古いダッジの救急車でぼくたちについてきた人懐こいオランダ人たちのガールフレンドが、男の仲間よりもはるかに見目麗しかったことだ。白いM3A1偵察車――その劣悪な状態から〝豚小屋〟と命名されつつも、ぐしょ濡れの不潔なイギリス人男六人を寝泊まりさせてくれた車――は、ディックをずっとご機嫌にさせつづけるほど頻繁に故障した（兄にとっては、ありがたい試練なのだ）。故障が生じるたびに、ぼくは――奇妙にも、わがフクロウと同じく――見つけうる最も高い場所に陣取り、むっつりと煙草を吸いながら、強情に反応を拒む四トンの鋼鉄の塊から突き出した兄の両脚または臀部を眺めた。

兄がどうやってぼくたちを帰りのフェリーに乗せたのか、けっしてわからないだろう。あの最後の朝に太陽がまた顔を出したが、ディックをのぞく全員がひどい二日酔いで、しかもブーローニュの船着場を目前に〝豚小屋〟が立ち往生した。ぼくは飲んだくれの〝豚仲間〟のひとりとともに敷石に座って、かき集めた最後のフラン硬貨で買ったフライドポテトを分かちあい、ディックがまたもや奇跡を起こすのを待っていた――そしてもちろん、彼は起こした。記憶によれば、この最後の勝利をもたらしたのは、だれかが記念品として手に入れた大戦時の火炎放射器を、無許可の海峡越えになるのを承知のうえでスペアの戦車用車輪と交換したことだ。

ぼくたちは幸運だった。ドーヴァーに接岸すると、税関吏は〝どれにしようかな〟方式で調査対象の車を選んでいたらしく、前方の水陸両用トラックが、抗議する乗客を一〇人ばかり吐き出した。ところが、税関吏たちは〝豚小屋〟のなかをのぞき、悪臭を放つ人体の山が泥だらけの鉄の床でしわくちゃのポンチョや食べ物くずにまみれて眠りこけているのを目にすると、げんなりした顔で手を振って通してくれた。何が車体の下にあるのかも知らないで。

ようやく帰宅したぼくを、ジーンが無傷で出迎えて傷害沙汰はひとつもなかったと報告し、マンブルはすこぶる体調がよさそうだった（SA37で生まれ変わった改良版マンブルだ！）。結局、いちばんの問題は、隣に住む独身男だったことが判明した。ある日エレベーターで遭遇してから彼がしつこく交際を迫ってきて、その気をくじくのにジーンはかなりの時間を要したという。必然的に、閉じたままの玄関扉越しに声を張りあげて会話しつつ、扉を開かないもっともらしい理由を必死にひねり出したのだ。

繁殖期の行動はずっと観察していたが、長期的視野でマンブルがほかのフクロウにどう反応するかはやはり不明のままで、危険を冒さずにそれを確かめる最善の方法は、週末にウォーターファームに連れて行って柔和なウォルに引きあわせることだと思われた。そこで、ある土曜日の朝、ぼくは旅行用具一式をまとめると、移動用バスケットをキッチンテーブルの上で開いた。マンブルはその朝、かなりだるそうだったが、バスケットをひと目見るなり、自分の意志でぴょんと飛びこんだ。地下の駐車場について車に乗りこんだあと、ビニールを敷き詰めた後部の荷物置き場にバスケットを据え、蓋を開いた。マンブルは目を細めてぼうっとした表情で現れ、見たところ確たる意志のないまま肩によじ登ってきた（日中は、モリフクロウは自然の摂理で何かの横にうずくまるようにできている。したがって、ぼくの肩と頭は、ねぐら用の枝と寄り添い用の幹の役割を果たすことになる）。

マンブルは肩の上で、ゆうに四五分間は動かずにいた――ぼくがロンドン南部の土曜日の混みあった繁華街を、しじゅう信号に停められながらのろのろ運転で抜けるあいだずっと。数キロほどゆっくり車を走らせてようやく、ケント郊外へ通じる二車線の自動車道にたどり着いたが、知るかぎりでは、その間《かん》だれひとりとしてフクロウがぼくの肩にいることに気づかなかった。横に停まった車の助手席にいる人間ですら、目の錯覚ではないかと見直したりしなかったのだ。マンブルは何度かぼくの耳をかじり、ビニールで覆われたシートにひとつ糞をした。それからバスケットに戻ることに決めて、残りの二時間はずっとそこにいた。道中はひと声もあげなかった。

ディックの予備の鳥小屋で過ごしたその週末じゅう、マンブルはぼんやりとして従順でやや食欲がなかったように思う。ただし、草地や池に注ぐ陽光と、近くにいるニワトリやアヒルの姿に心を奪われてはいた。アヴリルがウォルを拳に乗せて、金網越しに両者を引きあわせると、マンブルは身をかがめて獲物を隠す姿勢をとった。マンションの外から野生のフクロウの声が聞こえたときと、まるきり同じ反応だ。だが、感情は高ぶらせなかったし、挑発もしなかった。ひょっとして、ここが相手の縄張りであることを認識していたのだろうか。いずれにせよ、この実験からは結論をくだせなかった。

そこで、より広範な実験をふたたび行なうために、クリスマスにウォーターファームで五日間の休暇を過ごすことにした。予備の鳥小屋は風雨にさらされる場所にあり、しかも悪天候だったので、甥のグレアムに手伝ってもらい、激しくばたつくビニールシートを屋根と一方の側面に固定して雨よけにした（とはいえ、マンブルが悪天候をものともしないことは前々からわかっていた。なにしろ、バルコニーの鳥小屋で激しい雷雨に見舞われても、前向きに楽しんでいるようすで、巣箱から出て、雨粒が吹きつける最前線の止まり木にうずくまり、花火を面前にした子どもよろしく稲妻をほれぼれと眺めていたのだ）。

隣の鳥小屋にはいま、半野生のモリフクロウのきょうだいが二羽いるというので、クリスマスの訪問は興味深いものになりそうだった。結果的に、マンブルはこの隣人たちの姿がちゃんと見えているかぎりは上機嫌で、ときおり興味深げに話しかけていたが、あからさまな敵意は示さなかった。二羽のきょうだいのほうが不安そうで、しじゅう身を隠していた。自分の視界の外で二羽が動きまわっている音が聞こえると、マンブルは不信感と警戒心をあらわにした。また、食欲旺盛でヒヨコをむさぼり食ったし、悪天候にもかかわらず水浴びをした。何回か夜に三羽そろって歌うことがあり、マンブルが最も大きな声をあげた。三羽の居場所はそれぞれわずか一メートルしか離れておらず、たいていは互いの姿が見えていたが、いずいずれも相手を威嚇するそぶりはなく、むしろ束になってもっと遠くのフクロウに警告を送っていた。

帰宅後、かすかだが疑いようのない兆候から、このかりそめの隣人との出会いがマンブルの日常に影響をおよぼしたことがわかった。けっして粗暴だったわけではない。だが、三、四日はややよそよそしく、いつもとちがう時間や場所で食事を求めたり、鳴き声をあげたりした。存在を軽んじられたせいで、ぼくはちょっとむなしくなったが、もしこの身に何か起きても、マンブルはさしたる苦もなくべつの鳥小屋に移れるではないかと自分に言い聞かせて心を慰めた。

六月には〝フクロウ守り〟のジーンに礼儀正しくふるまったらしいマンブルも、一九七九年の夏から秋にかけて、しだいに縄張り意識を強めていくのがはっきりと感じられた。ぼくへの態度は変わらないし、たまに、客がすでにリビングのソファに腰を落ち着けたあとでせがまれて連れてくることもまだ可能だった。とはいえ、室内放鳥時にだれかが来ると、マンブルは占領地への侵入者とみなすようになり、場合によっては、やっつけようとして飛びかかった。ヘルメットでじゅうぶん対応できるが、何度かすばやく捕まえてキッチンに閉じこめざるをえず、それをやると、あちこち飛びはねては、ガラスの扉を引っ掻いて激しくにらみつけながら鳴きわめいた。なんともきまり悪い状況で、個人攻撃と受け止める客もいたし、彼らのためにコーヒーを淹れる作業がやっかいになった。

秋が深まるにつれ、マンブルの来客への態度が救いがたいほど不寛容になり、目に余りはじめた。ある夜、ぼくが夕飯をこしらえて、甥のグレアムがフォーク類やワインをキッチンからリビングのテーブルへ運び、マンブルは扉の上に乗って、下を通りすぎる彼を見つめていた。以前に両者が顔を合わせたとき、マンブルはいつもそこそこ愛想がよく、最低でも礼儀正しく距離を保っていたが、この日、グレアムは自分を見つめる目つきが気に入らず、「レーダーで自動追尾されてる気がする」とぼやいた。そして、次に通りかかった瞬間、頭のつけ根に鋭い強打を感じた。驚いて手をやると、血がついているではないか。マンブルが扉に戻ってふたたび攻撃距離を測っているのを見て、グレアムは（ほぼ瞬時に）複雑な感情を抱いた。この鳥はふわふわで愛らしく、しかも叔父の大切なペットだ。ところが、いま自分に流血させたし、明らかにもう一度狙っている。彼はとっさに空の段ボール箱をつかみ、楯にした。効果はあったが、マンブルはただちに旋回してまた襲いかかった。

甥の悲鳴を耳にして、ぼくは片手に木のスプーンを持ったまま何ごとかとのぞいたが、頭上に段ボール箱をかざした甥を見ても、なんら有効な対処ができなかった。グレアムは何度も舌打ちを繰り返して「前は、こんなことはしなかったのに」と言い、ぼくはイヌを溺愛する飼い主の腹立たしい対応――甘やかされた〝ワン公〟の被害者こそが責められるべきだと言いたげな態度――を示したことを認めて恥じ入った。マンブルをしかるべく揶揄いあげ、バルコニーの鳥小屋に戻したが、グレアムの安堵にはまぎれもなく一抹の悲しみがあった。なぜなら、もう二度と、この愛らしい野生の生き物と同じ部屋で過ごすことはできないのだから。

このように、いまやぼくのフクロウが――たぶん、やや遅まきながら――おとなの本能をすっかり身につけ、狩りとねぐらの縄張りを守りはじめたのは一目瞭然なのに、実を言うと、ぼくはなおもしばらくこの事実を否認していた。だが、その否認も、友人のベラが訪れた日に突然の終わりを迎えた。以前のマンブルは手に乗って〝こちょこちょ〟されるのを快く受け入れていたので、今回もベラはあたりまえのように扉の上部に手を伸ばした。マンブルはたちまち、羽毛に覆われたレンガよろしく頭にどすんと乗った。それも、爪をめいっぱい開いて。ぼくが頭蓋の傷を調べる間《かん》、ベラは動くふわふわのぬいぐるみと思っていたものに裏切られてどう感じるかを率直にまくしたてた。

この教訓は明らかで、かつ決定的だった。もはやマンブルは〝気まぐれだがおおむね愛らしいペット〟ではなく、他人に見せびらかして分かちあうことなどありえない。すっかり成長して、縄張り意識が強く、あくまでひとりの男しか愛さない危険な鳥と化したのだ。その日から別れの日が来るまで、ぼくはけっして自分以外のだれかをマンブルと同じ部屋にいさせなかった。何年ものちに、ディックとぼくは（防護用のヘルメットをつけたうえで）実験を行なった。兄はぼくと見た日がよく似ており――背丈と体格がほぼ同じで、ふたりともあごひげを生やしており――しかも、経験豊かなタカ匠ゆえに猛禽類がそばにいてもまったく緊張しない。ぼくたちは夜用の鳥かごの覆いをはずしてしばらく同じ部屋で過ごし、存在に慣れさせた。ところが、かごの扉を開くなりマンブルはディックを攻撃し、かたやぼくに対しては、手で触れられてまた閉じこめられるのを許したのだ。マンブルとぼくの絆がなんであれ、それはふたりだけのものだった。

ぼくはときおり、マンブルを寝室と書斎に入れないという規則を曲げた。寝室は唯一、マンブルを肩に

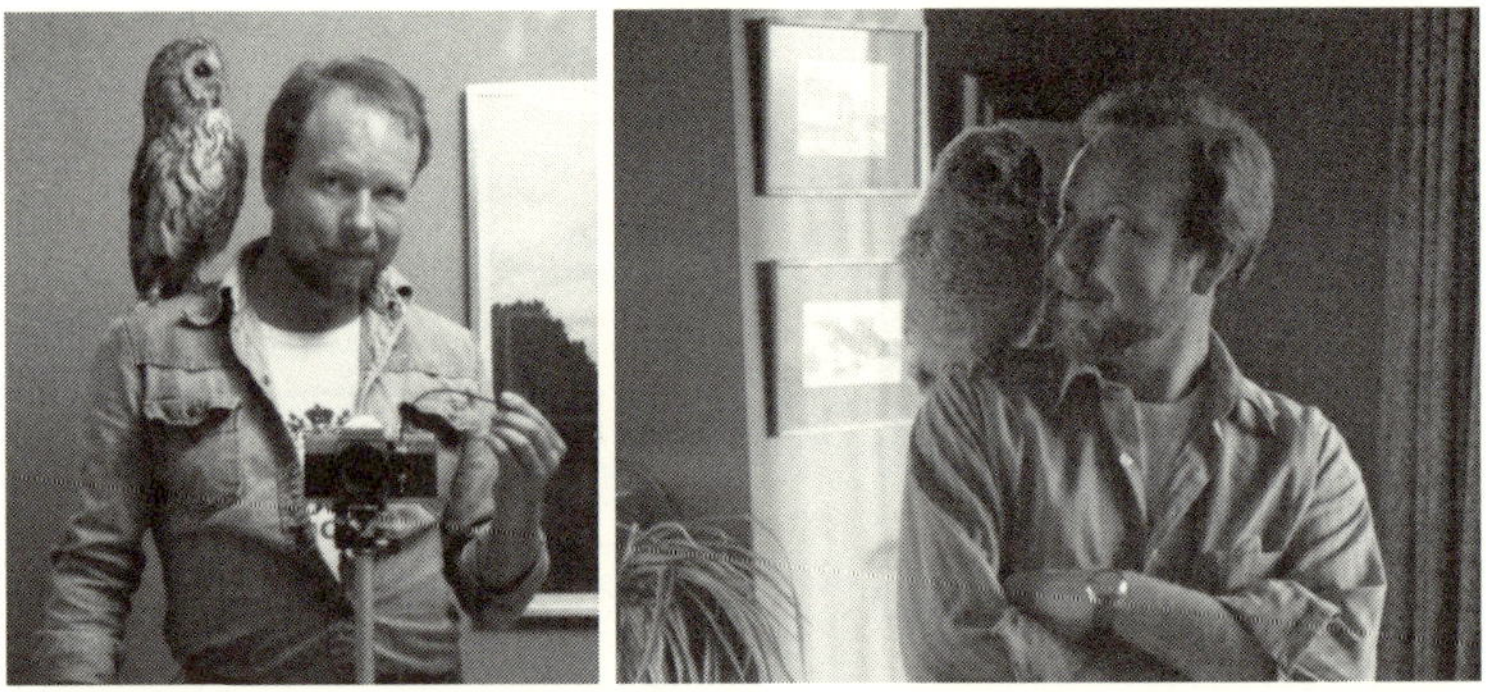

（右）孵化後およそ9週。まだ社交的だったので、ある夏の夜に、訪問中の友人に写真を撮ってもらうことができた。（左）9カ月に達するころには、あくまでひとりの人間にしか懐かないフクロウになり、寝室の鏡を用いて自分で写真を撮らなくてはならなかった。

乗せた姿が見られる大きなウォールミラーがあり、また、その姿を写真に撮ろうと思えるだけの光が入る場所だった。ダブルベッドと椅子を置いたら空間はごくわずかしか残らず、魅力的な止まり木もなければ、窓の景色もリビングと変わりないので、マンブルはふつう、寝室にさして興味を示さなかった。

例外は、室内放鳥時にはじめて羽毛布団のシーツを替えようとしたときだ。ただでさえ困難な作業が、ごくかぎられた空間のせいでさらに困難になり、寝室の扉を開いたままでないと行なえない。うねる綿布と格闘するぼくを見た瞬間、マンブルが自分のためにとくに考案された新しいゲームと解釈したのも無理はない。穴やトンネルへの執着を考えれば、大きなねじれ袋と化した取り替え中のシーツにたちまち心を惹かれるのは当然だ。最初の機会を捉えてさっともぐりこみ、コマンチ族よろしく鬨の声をあげながら、さらに奥のほうへ、興味深くも湿っぽい足元の生地と頭や背中に軽く載った薄い半透明の天幕のあいだへと、体をぐいぐい突っこんだ。それを引きずり出してキッチンに追放するまで相当な時間がかかり、結果的に爪の跡が寝具についてしまった。

子を溺愛する親と同じで、ぼくも決まりごとを一貫できず、ある日、自宅で仕事中に魔が差してマンブルを書斎に連れて入った（新しい体験をさせてやりたい、という誘惑にはつねにつきまとわれていた。ひとえに、どう反応するか見たいがためだ）。その最初の機会がどうだったのか正確には思い出せないが、たぶん、ある朝とくにマンブルの機嫌がよく、ぼくはついこう思ったのだろう。ああ、なんて愛らしい――こいつが、どんな害をおよぼせるっていうんだ、と。ひとたび意志を曲げたら、二度めも当然ある。じきに、ぼくは道徳的権威をすっかり失い、マンブルのほうは書斎が寝室よりもはるかに興味深い空間だと気がついた。

部屋は広いが薄暗く、バルコニーに面した窓際にデスクが据えられている。そして、マンブルが大はしゃぎで探索した廊下の戸棚とほぼ同じ、引き戸がついた造りつけの大きな衣装戸棚もあり、こちらには古い軍服がぎっしり吊されている。べつの壁には書棚が並べられ、片隅の支柱に、外人部隊の閲兵行進用装具をまとった等身大の人形が据えてある（ほっとしたことに、緑と緋色の大ぶりな肩章は止まり木として居心地がよくないと判断されたようだ――ある退役軍人から贈られたこの肩章は、ふたつの大戦をくぐりぬけた逸品で、できることならフクロウの糞まみれにしたくはない）。戸棚と書棚には興味をそそられる隙間がたくさんあり、裏側にも潜りこめるので、マンブルは書斎に来るとさほど飛びまわらず、心地よい薄暗がりを見つけて腰を落ち着け、ぼくが原稿をペンで修正するあいだはまったく邪魔にならなかった。問題が起きるのは、タイプライターを打ちはじめたときだ。

デジタル世代の読者のために説明すると、手動タイプライターには金属のキーがついており、コンピューターのプラスチック製キーボードよりかなり大きな打撃音をたてる。しかも――今回の文脈では重要なことだが――上部に水平に渡された円筒形のキャリッジに、巻きつくように一枚の紙が差しこまれ、キャ

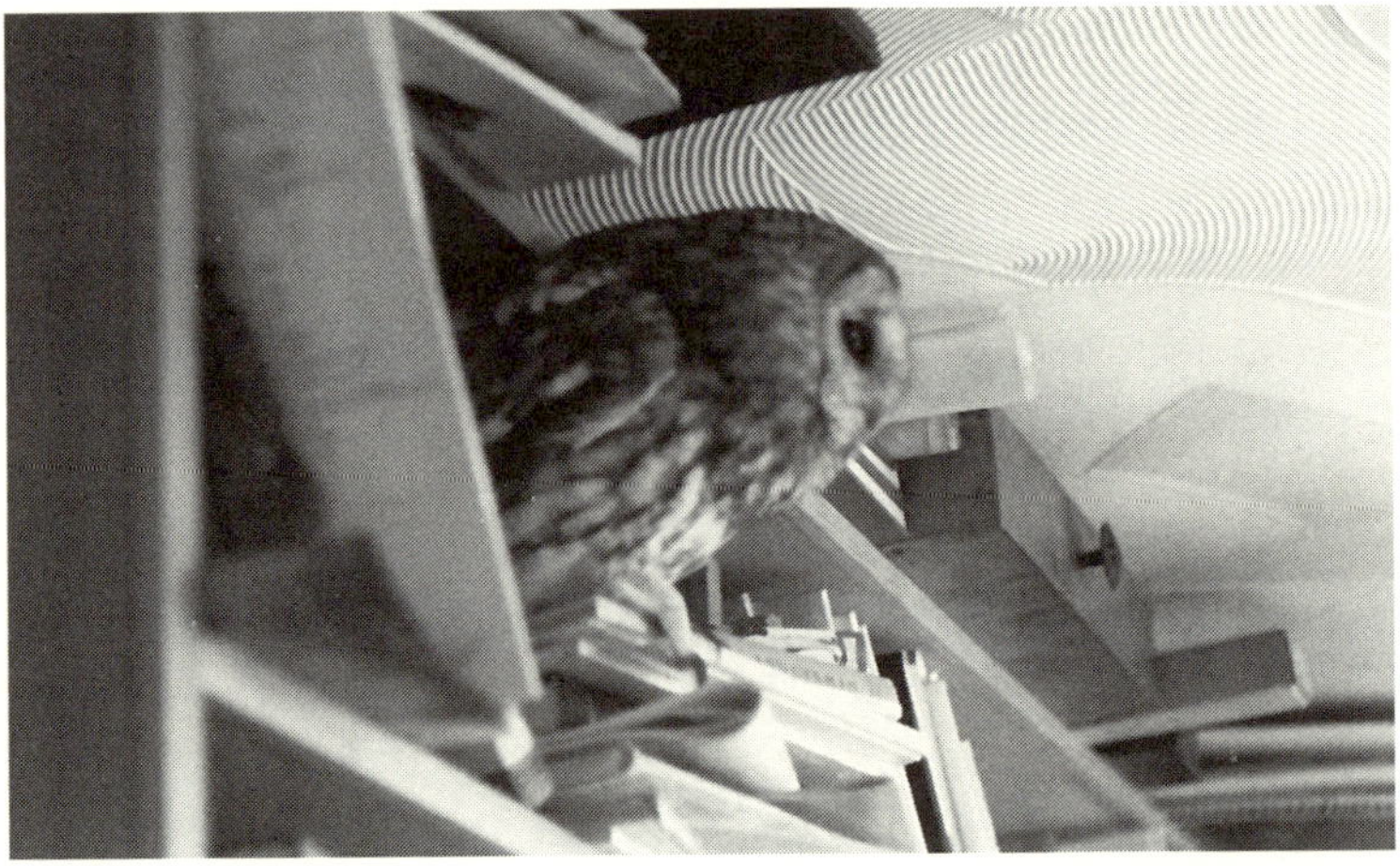

ごくまれに、書斎を訪れたとき。並んだ本の裏側を探検したあと、出てきたところ。

リッジごと右から左へ小刻みに動いてキーが打ちつけられる。そして行の最後にたどり着くたびに小さなチンという音をたててキャリッジが止まり、人間がほぼ無意識に左端のレバーを叩くとまた右に戻って、一行分だけ紙をずらすように回転する。要するに、この装置は、上部から一枚の紙をゆらゆらと突き出しながらリズミカルな音をたて、間断なく端から端へと動いては、チンという音に続いて刺激的な突進をしたかと思うと衝撃音で終わるのだ。冒険心旺盛な若きフクロウにとって、これ以上心をそそられる対象があるだろうか？

はじめて詳しく調べようと決意したとき、マンブルはぼくの背後から近づき、翼をあげたまま爪から機械に突っこんだ。これは、（お気に入りの遊びである）鉢植えの襲撃と同じやりかただ。ぼくはタイプを打つのが速く、執筆中は没頭しているので、マンブルが機械のど真んなかに高速着地したあと、反応して手を止めるまでに二、三回キーを尾に打ちこんでしまった。マンブルのほうは、足の下で浮き沈みするキーに邪魔されて目の前の紙を噛むことに集中できず、腰砕けになって、すっかり気分を害して書棚に戻った。

こんな体験をすればあきらめるはずとだれもが思うだろうが、マンブルは自分が興味を抱いた対象にはとことん執着する。魅惑的に揺らめく紙が横へ進むさまはいかんとも抗しがたく、ゆえに、うっとうしいキーの強打を避けつつ近づく方法をなんとか編み出そうとした。この問題には、ことさら創意に富んでいなくとも対処しうる。ほどなくマンブルは、ぼくの体の前からキャリッジの端にじかに飛びつくようになった。最初の数回は、ぼくもわざわざタイプの手を止めて、キーキー抗議するマンブルを追い払ったが、かえって決意を固めたのか何度も執拗に戻ってくるので、ついに堪忍袋の緒が切れて書斎の外へ放逐した。

この根くらべを数えきれないほど繰り返すうちに、マンブルが進歩を見せた。ぼくがあくまでタイプを続けていると、その動きに慣れて、キャリッジに乗ったまま右から左へ運ばれるのを楽しいと感じはじめたのだ。どうやらじゅうぶん刺激があるらしく、たいていは紙を囓ろうとするのをあきらめてくれる。当然ながら、キャリッジを右へ戻すたびに宙へジャンプしていたが、ほどなく、ほんの半秒ほど体を浮かせ、キャリッジが衝撃音をたてて端に戻ったらまた降りてくることを学んだ。実のところ、マンブルがこの遊びをしているあいだは仕事がたいして進まず、しばらく経つと気をほかにそらしてやるか、放逐するはめになる。分別のある人間なら、書斎への立ち入りをあっさり禁じるだろう。だが、告白すると、ぼくはキャリッジに乗ったマンブルの姿を愛しいと感じ、恒久的な立ち入り禁止を課すことがどうしてもできなかった。

マンブルはその後も文字に知的関心を寄せつづけ、ぼくが膝に新聞を載せて読んでいると、どこからともなく忽然と現れ、バシンという音とともに中央に着地しては、楽しげに蹴りつけて穴を穿つ。ぼくがソファに寝そべっていると、ときおりふいに胸に乗っかり、顔まで歩いてきてあごひげを吟味する。ある夏の夜、胸に本を立ててゆったりと横になっていたときのこと。マンブルはどこかで自分の関心事にかまけ、ぼくはすっかり読書に熱中していた。突然、なんの前触れもなく、マンブルが本と顔の狭い空間にどすんと着地した。ぼくの脳が発した「おいおい、やめてくれよ、マンブル!」という抗議が、「ほいほい、はへへふへよ、アングフ!」として耳に届いた。ふわふわの体が唇にしっかり押しつけられていたせいだ。マンブルはどうやら、結果としてペチコートを吹きあげた暖かい息を不作法だと感じたらしく、かがみこんで慎重にぼくの鼻梁を噛んだ。

一九七九年の秋、およそ一歳半を迎えるころ、マンブルの習慣にありがたくない変化が生じた。ときおり、ぼくの肩に止まる代わりに(あるいは、止まったあとに)、頭の上に陣取りはじめたのだ。おそらく追加の高度と三六〇度の眺望に心惹かれたのだろうし、その気持ちは理解できる。とはいえ、鋭い爪がバランスを保とうとして頻繁にあちこち動き、しかも、そのあと飛び立つときの蹴りがこれまた痛くてたまらない。

マンブルが意図的に頭に乗ってくるのは、ぼくが廊下で電話をしているときだ。たぶん関心をほかに向けてほしくないという、子どもじみた嫉妬に駆られてのことだろう。窓辺に居座って屋根の連なる風景をおとなしく眺めているか、扉の上で安らかに居眠りしているはずが、電話が鳴りだすと、あるいは、ぼくがダイヤルを回しだすと、一瞬で頭の上に到着する。苛立ちにキーキー鳴きながら、下を向いて受話器かぼくの耳をつつき、曲げたひじの上に跳び移って、らせん状にぶらさがったケーブルを噛み切ろうとする。ぼくの家族構成を知らないで電話をかけてきた人は、ともすれば、結果として生じた三方向の会話に混乱させられる。頭上のフクロウがその会話の相手だという事実を、ぼくはなかなか打ち明けられない。自分よりも昔気質の顧客が、こうした態度をプロ失格と考える恐れがあるからだ。

バルコニーの鳥小屋には、水を張った浅い皿をつねに用意しておいた。ウォルと暮らすアヴリルの話から、フクロウがときおり水浴びをたしなむことを知っていたからだ。たぶん、週に一回は浴びていたと思うが、はっきりとは言えない。水浴びする姿をはじめて見たときは、湯温がわからない風呂に入ろうとする人間を想起させられた。皿の縁に二、三秒ほど立ち、優美にそろそろと片足ずつ踏み入れる。その状態でしばらく立ったまま、何やら考えていたかと思うと、ゆっくり下へ、前へと体を沈めていき、なかば水に浸かった状態でうずくまる。羽毛を少し立たせて身をよじり、二、三回やさしく上下させてから、固くたたんだ翼をわずかに揺らし、やがて力を込めて両脇に叩きつけはじめ、顔を水中に入れたり出したりして、水滴を背中にはねかける。この翼を揺らす動作を数回行なったのちは、じっとうずくまって、水に浸かるのを見るからに楽しんでいる。そしておもむろに立ちあがり、注意深く外に出ると、ぶるんと体を振って水滴を飛ばしては羽づくろいに勤しむのだ。

こうした水への関心は、室内放鳥時にも示されるようになった。ぼくがキッチンの流し台で皿洗いをしていると、ときどき肩に飛んできて、洗い桶の泡まみれの皿のあいだで手が水をはね散らすさまを、うっとりと見おろしている。いまにも跳びおりて動きに加わろうか決めかねているようだが、勇気を出して試みることは一度もなかった。ところが、ある〝冒険的な水浴びの夜〟に、ぼくがうっかり洗い桶に水を張っておく機会を虎視眈々と狙っていたことが判明した。

その夜、マンブルが何をやろうとしているのか思いもよらず、リビングでくつろいでいると、ぼとん！という音がした。ぐっしょり濡れたふきんがキッチンのリノリウムの床に落ちたみたいな音だ。そちらへ目をやったところ、肝を冷やす光景がゆっくりと視界に入ってきた。なんと、マンブルはしばらく水中に潜っていたらしい。というのも、頭部も体の残りの部分と同じく完全にびしょびしょになっていたのだ。いままで目にしたことがないほど長い嘴と、らんらんと見据える眼球が、つんつんした黒いゴシックヘアの小さな頭から突き出している（「ベイビー！　まさか、きみだとはわからなかったよ！」）。体はずぶ濡れの黒っぽい突起の塊で、冬に有刺鉄線にひっかかっている泥だらけの羊毛を思わせ、翼は暴風雨で壊れた傘さながらだ。

ぶつぶつと低い声でつぶやきながら、マンブルは床をこつこつ跳ねて、まるきり用をなさない羽ばたきを二、三歩ごとにしながら近づいてくる。体が重すぎるのか、ぼくの手首にジャンプすることすらできない。やむなく、段階的な足場となる〝梯子〟を探して、よじ登ってきた――床から足載せ台へ、ぼくの膝へと移り、胸を必死に登って肩にたどり着いたわけだが、その間《かん》ずっとぶつぶつ言いつづけていた。肩の上で翼から大量の水を振り落とそうとして、バランスが保てず転げ落ちそうになり、爪をぎゅっと肩に食いこませてぼくを跳びあがらせた。

ぼくは注意深く立ちあがると、肩にしがみついたままのマンブルを、ゆっくりとキッチンへ戻した。天井の棒状蛍光灯《ストリップライト》は、棚の最上部からわずか三〇センチかそこらの距離だ。斜めに渡した腕の橋をマンブルはのろのろと着実にのぼり、棚の最上部に着いた。そこでまた水を振り落とそうとしたが、体がずっしり重たいせいで縁から転げ落ちそうになり、やむなくじっと留まって、暖かい照明に可能なかぎり体を寄せ、少しずつ体が乾くのを待つことにしたようだ。

見たところ何時間もかかりそうなので、ぼくはマンブルを残して戻った。リビングの椅子から姿は見えないが、幾度となく、濡れそぼった羽毛を一〇秒ばかり激しく振る音が聞こえた。首をうんとうしろに回すと、キッチンの壁に巨大な影が悪夢さながらぼうっと映り、マンブルが必死に羽ばたきつつ右へ左へ、上へ下へと羽づくろいするさまが見て取れた。二時間後、ようすを見に行ったところ、照明のほうへ体を傾け、重なりあった黒い風切羽をなかば開いていた。じつに見苦しい姿だし、たぶん、当のマンブルもそれを承知していたにちがいない。飛べる見込みはと言えば、昔の風刺画で翼をつけて絶壁から飛び立っている狂信的な〝恐れを知らぬ鳥人間〟といい勝負だろう（「うまくいきっこないよ、マンブル

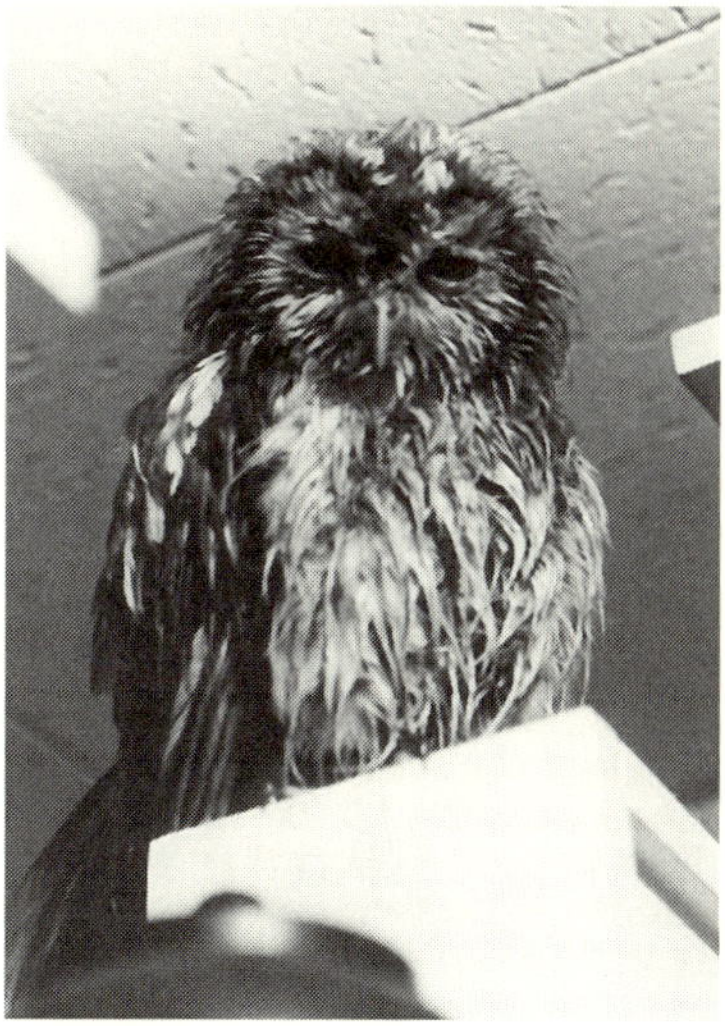
水浴び後、体を乾かす姿。

――その〝太陽灯〟のそばにいなさい」）。

その夜、鳥かごの扉を開いて夕食のヒヨコを入れ、キッチンの照明をつけたままにして、夜明けまでの数時間をどこで過ごすかマンブル自身で決められるようにした。翌朝は、すこぶる調子がよさそうに見えたし、こんな目に遭ってもマンブルはときどき洗い桶で軽く水浴びをしたが、二度と水中で泳ごうとはしなかった。

ぼくの目には驚きに映ったもうひとつの習性は、日光浴を楽しむことだ。もちろん、たいていの鳥が天気のいい日に地面に腹をつけて羽ばたきをすることは、なんとなく知っていた。土が寄生虫を払ってくれるし、陽光はビタミンDの生成に欠かせない。ところが、どういうわけか、この習慣をついぞ夜の鳥と結

びつけたことがなかった。なのに、やがて、マンブルが陽光をじつに気持ちよさげに浴びることが判明した。

　ある夏の週末、バルコニーの扉を開いたままリビングで読書をしていると、鳥小屋から大きなバシンという音がした。マンブルが新聞のじゅうたんに跳んでおりたときの音だ。数秒後、立ちあがってバルコニーの隅をのぞいてみた。いったい何をしているのか、なんとなく知りたかったからだが、一瞬、心臓が止まりそうになった。マンブルが床に腹をつけて、ぺたんと寝ているではないか。が、その後すぐに、いかにもくつろいだ感じのかすかな動きから、意図的にこの姿勢をとっているのだと察せられた。見つけうる最大の日だまりのなかで、マンブルは床にぺったり体をつけて翼を大きく広げ、首をうしろに向けて、目を閉じた顔をまっすぐ太陽に向けている。

　ぼくはすばやく視線をそらし、ひとりで楽しませてやった。だがその前に、奇妙にも日光浴の最中の表情は、窓の外をうろつくハトを見かけてさっと警戒態勢に入ったときとかなり似ていることに気づいた。一方はおそらく肉体的に心地よい活動、他方は戦闘への序曲なのに、なぜそうなのか不可解だが、似ているのはまちがいない。頭皮が固く引き締まって羽毛がびっしり寄せ集まるせいで、頭が異様に小さく感じられる。また、眉間に縦に生えた羽毛が横に大きく広がって瞳の上部を覆い、おかげで両眼が尖っていっそう離れて見える。この〝けんか腰〟かつ〝東洋的な〟表情は、いつもの安らぎの顔とはまるきり異なっていた。

　一九八〇年一一月――マンブルが二歳半を迎え、時季としては完全にはずれているとき――にはじめて、ぼくは抱卵行動に気づき、マンブルがたしかに雌であるとようやく確信できた。薄暗い廊下のテーブルに据えた大きな丸い灰皿に、マンブルが座っていたのだ。一緒に暮らしはじめて数カ月は、床に腹をつけて寝る姿をたびたび見かけたが、今回のはぜんぜんちがう。まさしく卵を抱くニワトリそのものの格好だ――ぺたんと腹這いになり、首をうしろに回して尾をぴんとあげ、体羽を膨らませて〝巣〟をかばう形で翼をたたんでいる。表情はとろんとして、ぼくがそっと近づくと、ピヨピヨと眠たげな声を出す。それから数時間、マンブルはときどき立ちあがっては灰皿の縁をぼんやりとつついて足をこすりつけ、ぶわっと羽毛を膨らませるとまた座りこんだ。そして、この状態を断続的におよそ八日間続けた（翌年の春に、またこの抱卵行為をしないかと目を光らせたが、のちの歳月を含めても同様の行為はめったに見かけず、最初の年のように数日にわたることは一度もなかった）。

日記からの抜粋
一九八〇年一二月三〇日

ディックの家でクリスマス休暇を過ごしてから、先月の抱卵行為やそれ以前に示したほかのフクロウへの反応を思い出しては、飼育下で生まれたがゆえにマンブルが逃したものについて考えた。鳥をかごに閉じこめることをぼくたち人間が直感的に悪だと思うのは、理由があってのことだ。なにしろ、空を飛ぶという考えそのものが自由を意味するのだから、折に触れてこの問題を真剣に考え、自分をごまかさないようにすべきだろう。

鳥類が空を飛ぶように進化したのは、飛行すれば、生命をかけた大いなる競争で優位に立てるからだ。その代価は相当な投資を強いられることで、心臓を激しく鼓動させて強靭な筋肉にエネルギーを送るのも、複雑でときにもろい肉体を維持するのもかなりの労力を要する。それが証拠に、当初は飛べたがのちに飛べなくなった鳥の種がいる。環境の変化で、この特別な習性が必要なくなったからだ。これらの種は、現実的な優位性が失われた時点で飛行をあきらめることを〝選択〟し、しだいにその能力をなくした。論理的には、もし大空を飛ぶ自由が心の健康に必要であるなら、そうした選択をしなかったと思われる。

飛ぶという行為は、大半の鳥類にとってまちがいなく生命維持の根幹的な役割を果たし、たとえばハヤブサやチドリのみごとな曲芸飛行を目にした者はだれしも、鳥類がその強靭さと敏捷さを誇示することに多少なりと満足感を覚えているものと考えるだろう。ところが、必ずしも猛禽類のすべてが同程度に飛行に依存しているわけではなく、モリフクロウをはじめとする森林地帯のフクロウは、母なる自然の設計により、わりあい距離が短く低空の飛行を行なうようにできている。人間の軍用機になぞらえるなら、制空戦闘機というよりは、〝短距離－垂直離陸－対地攻撃機〟になる。つまり、マンブルはF－16ではなくホーカー・ハリアーなのだ。

もし、野生環境に生まれていたなら（さらに言うと、一九七八年生まれの雛のうち最初の二年を生き残った少数派になれたなら）、マンブルは一日の大半をお気に入りの樹木群で過ごしていただろう。日中はまどろむか真剣に眠るかし、木の幹に隠れるように寄り添って前夜の獲物を消化する。日暮れ前に目を覚まし、消化できない部位の塊（ペリット）を吐き出してから、羽づくろいをして飛行のために翼面を良好に保つ。夜の任務の手始めとして、縄張りの境目を巡回し、まんいち近くに侵入者の気配を感じた場合は何度か鳴いて咎めるかもしれない。それから短距離飛行で木から木へと移り、所定の止まり木に腰を落ち着けて餌動物の動きに耳を傾け、目を光らせる。

その夜の分にこと足りる量を殺せたら――比較的早いうちに達成できるか、何時間もかかるかは、年や季節によって変わってくるが——すぐさま、ねぐらの木に戻る。そして獲物を食べて消化を開始する。夜明けごろ、ふたたびまどろみの状態に陥り、昼行性の鳥から身を隠すために木の葉のあいだでじっと動かずにいる。育雛中の春の数カ月間はべつとして、自分の生命維持にじゅうぶんな量の獲物を捕まえる以外には、まったくエネルギーを消費しない。

マンブルが二四時間周期の大半をまどろむか真剣に眠るかして過ごすのは、自然な状態だ——生まれついての習性であり、囚われの身となった結果ではない。いまのところ、狭い空間に閉じこめられて閉所性発熱を生じる気配はないし、生存に対する姿勢は、怠惰なネコとほぼ似たり寄ったりだ。おそらく野生環境で自活するよりも餌は良質なはずだから（しかも、まちがいなく安定して得られる）、怠惰に過ごすのも無理からぬことではないか。それに、起きているときはたいてい穏やかで愛想がいい。だからぼくは、マンブルはおおむね満足な生活を送っているのだと自分に言い聞かせて、〝監禁者の罪悪感〟を払拭すればいい。森や道路端で夜な夜な危険に遭遇せずにすむし、おそらく野生下で孵った場合よりもはるかに長い一生になるはずだ、と。

だが、罪悪感をすっかりぬぐい去ることなど、もちろんできっこない。ぼくにはフクロウではなく人間の感受性がある。囚われの身にしたがゆえに、少なくとも繁殖という根源的な経験をさせてやれないことは、つねに心の底に引っかかっている。その責めは甘んじて受けよう。とはいえ、マンブルは野生環境から攫《さら》われてきたのではなく、したがって、より自由な生活という概念を持たない。それに、しばしば鳥かごに入れられるとはいえ、少なくとも鎖につながれたことは一度たりとないのだ。

第6章　取り扱いマニュアル

心を惹かれたきっかけはマンブルの見た目と行動だが、飼育書でフクロウの基礎知識を入手しておいたほうがいい。アマチュア鳥類学者になる気はさらさらないにしても、ぼくは目の前の対象を理解したいという天性の欲求を感じていた。たとえ内燃機関の科学原理にかかわる理解はあやふやでも、ボンネットの下に何があるのか、主要な可動部品がいかに相互作用するのか、ざっと知っておきたいのだ。というわけで、本章は、素人が手引書《マニュアル》を片手にマンブルを概観する旅になる。入門書ですら、読んで得た情報はじつに感銘深かった。

一九四三年の『英国鳥類便覧（*Handbook of British Birds*）』では、モリフクロウは〝でっぷりした〟と描写されているが、まず驚いたのは、マンブルの外見と〝外皮切断図〟が大幅にちがうことだ（一五〇ページの骨格図を参照）。神業《かみわざ》的な圧縮が、その体に隠されている。ふだんのうずくまった姿を見ると、尾羽をのぞいて全長約二五センチほどのくつろいだ羽毛の塊だが、その骨格は頭部から爪までまっすぐ伸ばせば少なくとも一・五倍にはなる。何よりも驚いたのは、ヘビみたいなS字型の首で、人間のおよそ二倍の数の頸椎で構成されている。休んだ姿勢のときは、頭と胴部のあいだに生えたふわふわの襞襟状の羽毛に隠されて、この伸縮自在の首はまったく見えない。ハクチョウと同じく、ぱっと見よりも首が長いからこそ、頭をあれほど回転させられるのだ。また、この仕組みのおかげで、自発的にはあまり行なわないが見て楽しい芸当が可能になり、それを見たいがために、ぼくはときおりマンブルをからかいたい衝動に駆られる。

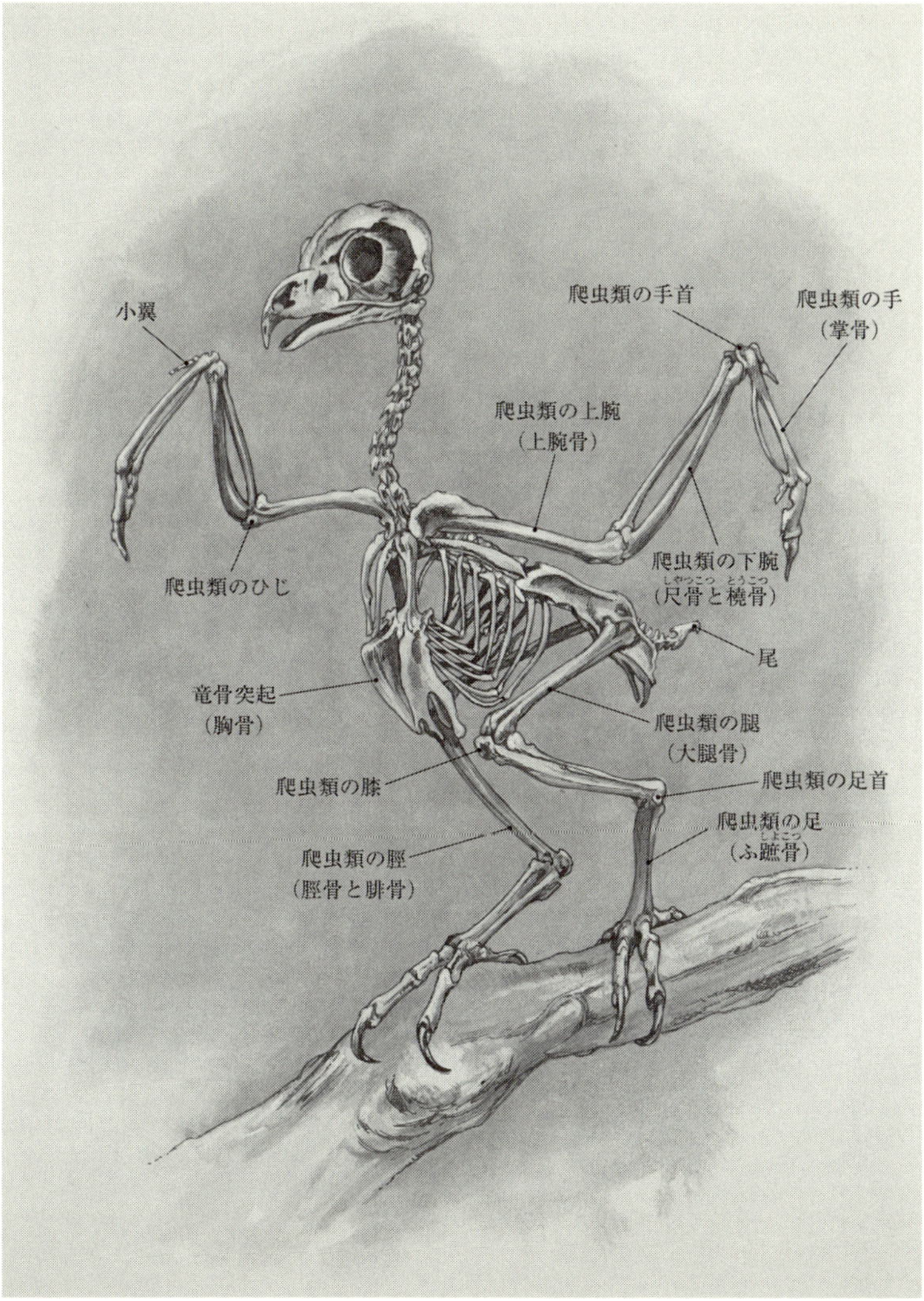

標準的なモリフクロウの骨格

人間の技術者が、戦車の砲塔に組みこめる実用的なジャイロ・スタビライザーを考案したのは、つい数十年前のことだ（どうか、辛抱してお読みいただきたい——この話の要点なのだ）。あなたがもし、砲火演習中にでこぼこの地面を猛スピードで走る近代戦車の映像を見たら、下の車体が激しく揺れているにもかかわらず、銃砲が超自然的に安定して一点を狙いつづけていることに気づくはずだ。これを実現するには、半世紀という期間と途方もない資金を必要とした。だから、マンブルが無意識に行なえると知ったときのぼくの喜びはいかばかりか、想像していただきたい。

ある日、偶然にも、窓の外の何かに神経を集中させているマンブルごと、トレイパーチを運ぼうとした。すると、うしろ向きにぼくの手に乗ってきたのでなんとなく腕をさげたが、その間もマンブルの頭は不動だった——胴体に対して不動なのではなく、高さも角度もパーチにいたときとまるきり同じだったのだ。ぼくの手とともに体がさがるにつれて、首が肩から上へにゅっと突き出し、襞襟状の羽毛が細く伸びて、おかげで胴体が十数センチさがっても頭部は三次元的に同じ場所にありつづけられた。なんだか不可思議な気がして、とっさに手を上にあげてみた——なんと、マンブルの頭はその場に固定されたままで首が徐々に消え、するすると縮まって肩に収まったあとで、ふわふわの襞襟がまたその周囲を厚く取り巻いたではないか。

告白しておこう。ぼくはたちまち悪ふざけの誘惑に負けて、フクロウ・ヨーヨーに興じた——手を上下させ、マンブルの頭部が宙に固定されたまま首が伸び縮みするさまを眺めたのだ。何度かこれをやって、ばかみたいに忍び笑いをしていると、ついに、子どもっぽい遊びにうんざりしてマンブルが飛び立った。

右ページの図を見れば、想像力をさほど駆使しなくても、鳥の骨格が何十億年も前のジュラ紀後期に爬虫類の骨格から進化したことがわかる。およそ一億五〇〇〇万年経ってもまだ、頭、首、胴、骨盤、尾、四肢のすべてが、あるべき場所にそれと認識できる形で存在している。とはいえ、単純な骨格図だけでは、半分も情報は得られない。

文献を精読した結果、マンブルの体は――きわめて理にかなっているが――もっぱら高い出力重量比《パワーウエイトレシオ》の達成を目的として設計されていることが判明した。かつて航空ジャーナリストだったせいで、ぼくはつい、マンブルを〝自然界の航空機〟とみなしてしまう。航空機は馬力の大きさと軽さを両立させるために、構造体の大半がアルミと成形炭素繊維《カーボンファイバー》でできている。この構造体は、空中に送り出されて猛スピードで飛行するために、高回転速度のエンジン（マンブルの場合は、心臓と肺）によって動力を供給され、高速循環する燃料（マンブルの場合は、酸素を豊富に含んだ血液）を大量に消費する。

手に乗せたとき、マンブルは見かけより軽く感じるが、これはただ単に、可視部のほとんどが羽毛とそのあいだに含まれる空気でできているからではない。同時に、じつは骨の多く――頭蓋、椎骨、胸骨、上腕骨つまり〝翼桁〟、肋骨、骨盤、脚――がところどころ空洞になっていて、内部に空気があるのだ。そのせいで危険なまでに骨格がもろくなると思われるかもしれないが、虚ろな軸を内部から小骨の筋交いで補強している。内臓の配置もまた、重さを抑えることを重視した結果だ。人間には存在する水分の多い部位や液体が省かれ、対になった組織のいくつかは片方だけが発達して機能する。

胴部の骨の多く――がっしりした胸骨、肩甲骨、腰椎、肋骨――は、先端が融合して堅い箱構造を作り、体内の組織を保護している。これが最も顕著なのは、強力な飛翔筋がくっついている竜骨突起すなわち胸骨で、両肩まで二本の強靭な骨の筋交いが入っており、おかげで、筋肉に引っ張られて胴部の箱構造が壊れるのを防げる。

保護された箱構造の内部において、体の大きさに比較して人間よりはるかに大きく、鼓動もうんと速い心臓が、飛行に必要な並はずれた筋活動を生み出す。休息中ですら、この驚くべきエンジンは一分間に約三〇〇回鼓動し（人間の四倍の速さ）、相対量で人間の約七倍もの血液をかなり高い圧力で送り出す。

血液中の燃料と酸素を混合する〝キャブレター〟、すなわち一対の肺は、ぼくたち人間のものより比較的小さいが、広範な二次循環系に連結して、利用可能な酸素を血流にすばやく送りこむと同時に、体の浮力も高める。鳥類は体内に通常九つの気嚢を持つ——簡略化された肺の延長、あるいは付属物だ。これらは鞴《ふいご》の働きをし、酸素豊富な新鮮な空気を、すでに内部にある古い〝排気〟と混ざりあわないよう、すばやく肺の外へ送り出す。モリフクロウの気嚢のうち八つはふたつずつ対になって胸から腹へと並んでいるが、九つめは逆三角形に似た形で、いちばん上の真んなかに位置する。この九番めの気嚢には、上部の両隅にパイプ状の小袋がついており、上腕骨の内側に沿って伸びている。マンブルが息を吸うと、空気が肺とこれらの気嚢を通り抜け、翼組織の内部を駆けめぐる。

ほ乳類とちがって、鳥類は横隔筋を持たず、胸郭を広げることによって空気を吸いこむ（だからこそ、鳥を捕まえるときに胴部を圧迫してはならない——胸郭を動かせないと、鳥は呼吸ができないのだ）。フクロウの呼吸を目で確認するのはほぼ不可能で、たたまれた翼のあいだにある背中の羽毛がかすかに規則正しく動いているのが見えるだけだ。

フクロウの解剖学について読みながら、ぼくはしばしば手中の本と、脇につつましやかに座っているマンブルとを見くらべては、「おやおや、知らなかった！　きみには、目に映るよりもはるかにたくさんの魅力があるんだね」といったことをつぶやいた。まず心を惹かれたのは、目の内部の働きにかかわる説明だ。あどけない凝視と親しげなまばたきの裏に、それまで知るよしもなかった幾多もの機能があった。

フクロウの目は、ぼくたち人間の目と基本的な仕組みがほぼ同じだ。角膜（外側の透明な膜）のうしろで、虹彩（色のついた部分）の伸縮する筋肉の輪が、瞳孔すなわち中央の円（黒い部分）を通過する光の量を調整している。明るい光のなかでは瞳孔は縮まり、暗い光のなかでは広がって、うしろの水晶体に届く光を加減するのだ。水晶体は、ぼくたちが見た物体の像を、網膜すなわち眼球の奥のスクリーンに投影する。網膜はひと束の視神経によって脳の視覚野に接続され、そこで像の解釈が行なわれる。

このように基本的な仕組みは似ているが、部位の配置はぼくたち人間と大きく異なる。最も顕著な相違は、眼球が球形ではなく先端を丸めた円錐形なことで、短い先細の管をなす骨の環がこれを支えている。眼球の形状を大ざっぱにたとえるなら、電球か――もっと散文的に言えば――アポロの有人宇宙カプセルだろうか。この電球／カプセルの細いほうの端には、角膜、虹彩、瞳孔と、大きくて分厚い水晶体がある。水晶体のうしろのあたりで眼球はぐんと膨らんで、円錐形の広いほうの端、すなわちアポロの熱シールドに相当する部分に、曲線状の大きな網膜がある。ぼくのほうが頭は大きいのに、マンブルの目のほうが奥に長い。その細長い形状のせいで、フクロウの目は眼窩のなかで回転できない――頭蓋の内側には、いかなる動きにせよ行なう余地がないのだ。マンブルの両眼は前方に固定され、それぞれごくわずかに離れた地点を指しているが、埋め合わせとして、柔軟な長い首のおかげで頭の動く範囲がいちじるしく広い。

目の奥の網膜には、二種類の光受容体がある。光の強さに反応する桿体細胞《かんたい》と、色覚と解像力――細部を識別する能力――にかかわる錐体細胞《すいたい》だ。昼行性の鳥の場合、光受容体の八割がたが錐体細胞で、赤から黄、緑、青、紫外にいたるまであらゆる色を拾う。かたやフクロウの場合、大きな網膜の奥に反射層があり、桿体細胞がびっしり密集しているおかげで、きわめて幅広い光度に対応しうる。マンブルの網膜の桿体細胞は、ぼくにくらべて五倍の密度で集まり、その網膜に投影される像は、ぼくにくらべて二・七倍も明るい。一部の専門家に言わせれば、モリフクロウは脊椎動物のうち最も低光度感受性が高く、この点において理論上の限界ぎりぎりまで目が進化しているのだという。

このように光の感受性が高いことへの代償は、明瞭さすなわち解像力に劣ることで、昼行性の猛禽類の二割程度しかない。視覚が働くぎりぎりの光量のもとでは、フクロウはごく大まかな差異しか識別できない。もっとも、現実問題として、この種の暗闇はうっそうと茂る森の枝葉の下でしか起こらない。空が見えさえすれば、物をそれなりに鮮明に識別できるだけの光はじゅうぶん得られる。ぼくたち人間にくらべて、フクロウの目は桿体細胞に対する錐体細胞の割合がはるかに少なく、色を識別する能力はどの程度かという問題が議論の的となってきた。とはいえ、モリフクロウの目については、少なくとも黄、緑の波長には感度がよく、少し度合いは劣るが青の波長も感知できることが立証されている。

幅広い光度に適応できるすぐれた能力は、暗いほうにだけ機能するわけではない。強い陽光のもとではフクロウは目が見えないという説は、完全なまちがいだ。それどころか、じつは夜よりも昼のほうがよく見える。わがコキンメフクロウのウェリントンの場合、ごく暗い光のなかでは、虹彩が縮んで、大きな黒い瞳孔を取り巻く細い黄色の環になる。ところが、外で日中を過ごすときには、瞳孔のほうが縮んで、太い黄色の環の中心にある小さな点になる。それでもウェリントンは、陽光を避けたいというそぶりをまったく見せなかった。

マンブルも同様だが、目の表面全体がかぎりなく黒っぽいせいで、光度に適応するさまはほとんど認識できない。少しばかり突き出した大きな目は黒いガラス状で、たいていの場合、中心の瞳孔とそれを取り巻く虹彩の区別がつかない。それでも、ごくたまに、陽光が特定の角度で斜めに射したときには、黒茶色の外側の環と漆黒の中心のかすかなちがいを見分けられる。

まぶたの縁は黄色がかったピンク色で、まぶた本体は、上から下までかすかに黄色がかった灰色のスエードに覆われているかのようだ。睡眠中のほかは、目を守りたいときにまぶたが閉じられるが、これは食事か羽づくろいの最中に頻繁に見かける（マンブルがまだ若いころ、まばたきは一種の挨拶ではないかと思えてならなかったので、ぼくはいつも、ゆっくりとまばたきを返していた）。目をぬぐいたいとき、またはまぶたを閉じることなく目を守りたいときには、〝もうひとつのまぶた〟を閉じる――瞬膜と呼ばれるもので、目の内側の上端から外側の下端まで対角線上をスライドする（獲物を攻撃する瞬間にも、これを閉じる）。ほかの鳥とはちがって、フクロウの瞬膜は透明ではない。モリフクロウの場合は白みがかった青で、細い透明の縁取りがある。マンブルがこれをまたたくさまには、いつも驚嘆させられた。なにしろ、輝く黒い目がたちまち曇って、どことなく邪悪な半透明の灰青色へと瞬時に変わるのだ。

マンブルの顔は、動物の毛みたいな、ごく細くてやわらかい羽毛に覆われている。基調は灰色がかった淡い黄色。目の外側を茶色のマーブル模様がC字状に取り巻いている。また、同じ色のふんわりした線がまぶたのつけ根に描かれているが、この〝化粧〟が内側の下端にはみ出しているせいで、ぱっと見には目がわずかに傾いた感じを受ける。顔盤はきわめて鮮明で、ふわふわの細いチョコレート色の羽毛がうしろ向きにカールしながら、びっしりと取り巻いている。この線はひたいの中央で下向きにカーブし、茶色い羽毛からなる〝三角形の矢〟によって分割される。矢のほうはひたいから出発して、嘴のすぐ上まで達し、白い縞模様にV字に縁取られている。

モリフクロウの嘴は、視野を遮らないように深い鉤状になっており、周囲のふさふさした羽毛のせいもあって、実際よりもかなり短く見える。材質は骨だが、外側の層は角質《ケラチン》だ。マンブルの場合、嘴の鈍い黄色が、敏感な根元の部分すなわち蠟膜にかけて色褪せていき、淡い灰色になっている。この蠟膜にかぶさったひげの縁からかろうじてのぞく穴が、鼻孔だ。文献の大半は、フクロウにはほとんど臭覚がないと述べているが、経験豊かな調教者にはこれを疑う者もいる。というのも、モリフクロウは野生環境では死肉に口をつけないのに、飼育下では新鮮だが死んだヒヨコを受け入れる事実から、確実に肉の鮮度を嗅ぎ分けられることが示唆されるのだ。鳥類の臭覚というテーマ自体がまばらにしか研究されておらず、その研究も、臭覚への依存度が高い種、たとえば視力が弱くて地上で狩りを行なうニュージーランドのキーウィや、広範囲を移動する海鳥にほぼ集中している。とはいえ、コミミズクの研究から、匂いを処理する脳の部位、すなわち嗅球が、ハトやニワトリと同じ大きさで、ムクドリよりも大きいことがわかった。これは重要な発見だ――なにしろ、ハトもニワトリもムクドリもすべて臭覚がきわめて繊細なことで知られているのだから（このありがたい収穫をもたらしてくれたグレアム・マーティン博士は、この事実に関し、著書『夜の鳥（*Birds at Night*）』において、「ゆえに、フクロウは臭覚を持たないと結論づけるのは不適切と思われる」という堅苦しい論評を加えているが、なんと彼もまた、ペットとして長寿のモリフクロウを飼っている）。

マンブルの〝ひげ〟は、嘴のすぐ上、すなわち〝鼻梁〟から口ひげ状に生えた剛毛質の細い羽毛で、下向きに横へ広がっている。フクロウの近距離視覚は驚くほど弱く、また、嘴を利用するあいだはまぶたを閉じて目を保護する。代わりに、この口ひげの根元に神経が集中し、ひいては受容体を刺激して、なんであれ触れた物体にかかわる情報が脳に伝わるようになっている。

通常、マンブルの嘴は真んなかの鉤状の部分しか見えない。喉を覆う茶色い〝ヤギひげ〟の上部に位置する部分だ。ところが、あくびをすると大きな裂け目が現れ、口の両端がそれぞれ左右の目の中央とほぼ一直線上にくる。上嘴は湾曲した箇所で下嘴と重なって、両者の鋭い刃が鋏よろしくぴったり交差している。この嘴は狩りの道具であると同時に、ナイフとフォークにもなり、さらにはある程度まで〝指〟の役割を足と分担する。鳥類の上の二肢はもっぱら飛行用であることから、物を調べるとか、少しばかり動かすといった場合には嘴を利用するほかなく、その気になれば強烈な一撃を繰り出せる嘴を、マンブルはごく繊細に使うこともできる。

鳥類の舌の内部には骨が一本あり、味蕾がつけ根に集まっている（とはいえ、人間の味蕾よりもかなり少ない）。マンブルはよくあくびをしたが、ぼくは舌を見た記憶がない。ヤナギの葉の形状をしているらしいが、おそらく嘴の下側に押しつけていたのだろう。鳥類にも、喉頭がある。ただし、ほ乳類とちがって、音を発声するために使われていない。マンブルの声は、気道のはるか下に位置する鳴管によって生じ、嘴が閉じているときには気管と鼻孔がじかにつながる――おそらく、だからこそ〝口を閉じて歌う〟ことができるのだろう。

鳥類の皮膚には汗腺がなく、モリフクロウが暑さまたはストレスを感じると、あえぐように見えることがある。嘴がなかば開かれて、喉元の羽毛が上下するのだ。マンブルの場合は、ひどく興奮したとき、たとえば闘いを目前にしたときにだけこれを行なっていた。

文献によれば、マンブルは周囲の世界を鋭敏に知覚するにあたって、目と同じくらい耳にも依存しているはずだが、その精巧さは目よりもさらに外からではわからない。

モリフクロウの耳の穴は、左右の顔の線のうしろに縦に穿たれた大きな溝の下部にある（その溝は、ややバナナの形に似ている）。鼓膜は蝸牛管すなわち内耳に――ひいては聴神経に――あぶみ骨によってつながっている。これは中耳にある複雑な単一の骨で、鳥類が爬虫類から進化した名残だ。この骨が、音の振動をおよそ三五倍に増幅させる――ぼくたち人間の中耳にある三つの骨よりも三倍ほど有能だ。フクロウの蝸牛の膜は、人間にくらべていちじるしく長く、おびただしい数の有毛細胞が圧力波を神経に伝え、そこから脳の聴覚中枢に信号が送られる。ゆえに、フクロウはほかの鳥よりも、はるかに小さな音を感知できる。モリフクロウなどもっぱら夜行性のフクロウは、この聴覚中枢そのものが、カラスなど体格が同じ昼行性の鳥より数倍大きく、また、ワシミミズク、コキンメフクロウといった夜行性がやや劣る仲間よりも相対的に大きい（この相違は理にかなっている。もっと明るい環境で狩りを行なうなら、ふつうは目に頼るわけで、特異な能力を持つ耳は必要ない）。

左右に隔たって大きさも異なるふたつの耳から、ごくわずかにちがうタイミングで届く音を、フクロウの脳は識別しうる――およそ三万分の一秒の時差を認識でき、ぼくたち人間にくらべて約一五倍も優秀だ。フクロウは生まれつき、音源の方向を誤差範囲二度以下という正確さでつきとめる能力を持つ。その音が繰り返されると、おおよその距離も推測できるが、この技能を習得するには訓練が必要なようだ。生得の能力というより、むしろ学習行動であって、音の種類と周辺環境をいかに知っているかに左右される。ひとたびこれを習得すれば、三角測量が可能になる。つまり、なんであれ音の発信源の方向と距離を正確に判断できるのだ。

暗すぎてまさに耳だけに頼らざるをえない状況でも、方向を知るための第一音と、距離を知るための第二音がありさえすれば、モリフクロウはじゅうぶん目的物にたどり着ける。ただし、目に見える標的を攻撃する場合とちがって、自信たっぷりにいっきに飛びかかるのではなく、爪を大きく広げたまま両脚をぶらんと伸ばしておそるおそる近づき、耳に導かれた獲物の場所を足で探ろうとする。人工的に完全な暗闇をこしらえた室内実験において、尻尾の先に木の葉をつけたネズミをなめらかな床に放した場合、フクロウの最初の攻撃対象はかさこそ鳴る木の葉だった。とはいえ、留意すべき点は、どうやらフクロウはよく知っている場所でしかこの種の盲目的な狩りを自発的に行なおうとしないこと、そして行なう場合は、ねぐらに獲物を運べるよう、来た道を正確に記憶していることだ。この事実から、記憶に頼って巣に戻っていることがわかる。

視覚の場合もそうだが、音の発信源をつきとめるこの能力を補強するのは、首が長いおかげで体を動かすことなくさまざまな方向に頭を動かせる構造だ。フクロウは頭を上下させたり首をひねったりして耳の位置を変えながら、拾った一連の信号をつねに確認、更新、比較している。ちなみに、フクロウがコウモリみたいに音波探知を行なう――つまり、みずから音を発し、その音が何かに跳ね返って戻ってくるまでの遅延時間から距離を測る――という証拠はひとつもない。とはいえ、ぼくとマンションで暮らすあいだ、マンブルはときどき近距離の音の発生源をまちがうことがあった。まったくちがう方向、ときには実際の音源から一八〇度ずれた方向を見ているのだ。そこでふと、まわりを囲む壁に跳ね返った反響音を拾っている可能性が、頭に浮かんだ。もしかしたら、マンブルの〝コンピューター〟は、密閉空間の遅延が短い反響に混乱させられているのではないか、と。

マンブルの頭の大半を覆うやわらかい羽毛は、途切れのない球状の表面をなし、基調は明るい茶色だが前からうしろに向かって濃い褐色の曲線が入っている。顔盤のすぐうしろに存在する溝の前後に羽毛の〝耳たぶ〟があり、前のほうがうしろよりも大きくて、顔盤を縁取る細い剛毛の襞襟と合流している。その事実はぼくも知っていたが、これらは綿毛状の頭に埋もれてまったく見えなかった。ときどき、休息中の姿を眺めていると、頭の両側の羽毛がかすかに動き、どうやら音を増幅させるために耳たぶに神経を集中させているのだとわかる――たとえば、後方の聴力を高めるために前の耳たぶを持ちあげるとかで、これは、人間が手を碗状にして耳の前に当てるのと同じ要領だ。

ある日、ぼくたちが相互羽づくろいを行なっているとき、マンブルが頭をぼくの鼻に横からこすりつけ、一瞬、密集した羽毛にぱっくり割れめができた。目を凝らして見おろすと、耳の内部が見えるではないか。驚くほど孔が大きく、頭蓋の側面をほぼ二分しているかのようだ。たとえるなら、ピンクがかった灰色のビニールで壁を覆った曲線状の塹壕で、奥のほうをほぼ円柱状の〝管〟が横に走り、白い糸状の物体と精緻な網をなしている(フクロウの体の組織に関するぼくの知識はいまだ継ぎはぎだらけだが、解剖に立ち会うなどとうていできそうにない。はたして、これは、目と脳を結ぶ視神経が通った管なのだろうか?)

光度が低くてもマンブルはきわめて良好な視覚を保てるし、おそらく聴覚はいっそう鋭敏なはずだ。とはいえ、現在の科学知識では、周囲の世界を知覚、理解するフクロウの能力をぼくたちが正しく評価することはできない。臭覚に関するきわめて不完全な知識はともかくとして、各感覚から受け取った情報と記憶をマンブルがいかに統合するのか――これらすべてがいかに脳内でひとつになるのか――に関して、ただ推測するほかない。

想像してみよう。自分が真夜中に目を覚まし、灯りをつけずにトイレに行くところを。いったい、どんなふうに行なうのだろう?(当然ながら、ときおり――忘れられないほど激しく――爪先をぶつけてしまうが、それは、急に目覚めて集中力を取り戻す前に動きはじめた場合だ。フクロウも夜中に驚いて急に飛びはじめると、やはり木の枝に衝突する)

ともあれ、脳のなかには自宅内の空間記憶が蓄積されており、一歩ごとに予想がつく。歩いた距離の知覚は不完全だが、裸足であれば、かすかに感触がちがう床へ移るのが感じられる。目はほとんど役に立たない。だが、まったくではなく、もしカーテンの向こうからかすかな光が漏れていれば、家具のぼんやりした輪郭が見えて、脳内地図を確認できる。自分が意識しているかどうかにかかわらず、耳は音の手がかりを得ようとする——反響の質や、何もない空間で反響が返ってこないこと、集中暖房装置のパイプから聞こえるかすかな水の音などなど。ひょっとして、蛇口から水の滴る音が聞こえたり、あけ放たれた浴室のドアからかすかに漂う香料石鹼の香りが感じられたりするかもしれない（そしてまた、浴室がタイル張りなら、近づくにつれて、音質のちがいもまちがいなく感知できるはずだ）。

各感覚が脳に提供する情報はごくわずかだが、それらを統合すれば周囲の脳内図が描け、暗闇でもそこそこ確信を持って移動できる。もし、あなたがオーストラリアの先住民族《アボリジニ》か、カラハリ砂漠のブッシュマンか、アマゾン川流域の辺境部族だったら——あるいは、世界じゅうのどこの人間であれ、五〇代もさかのぼる遠い祖先だったら——戸外でも、とくに意識することなく同じことができるだろう。そう、だからフクロウもできるのだ、笑えるほど楽々と。

しかも、フクロウはぼくたちには利用できない感覚から情報を得ている可能性がある。鳥類のほかの種を対象にした最新の研究で、日中および夜間の方向認識能力は、地球の磁場の知覚に由来する可能性が示唆されたのだ。鳥類のこの能力の研究は、当然ながら渡りの鳥に集中しており、まだ始まったばかりだが、すでにめざましい成果をいくつかあげている。ハトばかりか、ニワトリなど渡りをしない鳥でも、目の周辺と鼻腔のなかにごく微量の磁鉄鉱（酸化鉄の一種）の結晶があることが確認された。また、ヨーロッパのコマドリを対象にしたべつの実験では、右目に入った光が脳の左半分に生じる化学反応は、位置を認識して飛ぶ能力に関係があることが示唆された。つまり、もしかしたら、こうした知覚は鳥類にとって、磁気コンパスおよび周囲の磁気地図に相当するのかもしれない。そしてフクロウにも、少数ではあるが、季節移動をする種がいる――たとえば、イギリスではトラフズクだ（ここでも強調しておくが、ぼくは鳥類学に関してまったくの門外漢だ。とはいえ、一考に値する説ではないだろうか）。

マンブルには、外観を変化させる驚くべき能力がある。ゆったりしたしなやかな羽毛のスーツが実際の体型に合っていないからで、どの部位よりもそれが顕著なのは、頭と首だ。たとえるなら、伸び縮みが自在な縁なし帽《トーク》――アウトドア派の人間が首のまわりにつけるウールの筒で、下側にはひだを寄せたまま、バラクラバ帽よろしくうしろから頭頂まで伸ばすことができる帽子――といったところか。マンブルのトークは顔盤の黒っぽい縁取りから始まり、終わりは胴体の上部に同化して消えている。このトークでどんな芸当ができるのか披露してくれたのは、ここへ来てずいぶん経ってからだ。

マンブルは若鳥のころからハトが大きらいで、はっきりと軽蔑を示していた。ごくまれに、この都会の〝ごみ漁り〟がバルコニーの手すりにやって来ると、きまって日中の居眠りから目覚めて激しく活動しはじめる。侵入者にできるだけ近づけるよう金網に飛びつき、ハトが「こんちくしょう！」とかなんとか叫んで飛び去ったあともしばらく、翼をばたつかせながら黙って金網にしがみついている――嘴をなかば開いて、じっと一点を見据えたまま。週末に室内放鳥しているとき、ふいに翼をぱたぱたさせて爪で引っ掻く音が聞こえると、この（マンブルの認識によれば）〝飛ぶチンピラ〟が縄張りに近づきすぎているのだとわかる。

ある日の午後、マンブルは長い窓台に載せたお気に入りの止まり台――どっしりした陶器製のミニ樽

ハトがバルコニーの手すりにくると、マンブルの表情が変わる――およそ５秒のあいだに、左の穏和な満ち足りたようすから、警戒に満ちた表情を経て、右の完全な“戦闘の顔”になる。

――で静かに過ごしていた。たまたまカメラをそちらに向けた瞬間、どうやらハトがバルコニーにやって来たらしく、ファインダー越しにその変身を見届けることができた。およそ五秒のあいだに、ふくふくと満ち足りたフクロウから、警戒心に満ちた細いフクロウへと変わったのだ。その変貌ぶりたるや、キャベツに似た丸いレタスが、つんつん葉の立ったロメインレタスに姿を変えたようなインパクトがある。文献によれば、この反応は本能的なもので、ねぐらにいるフクロウが隣接する木の幹に外観を似せようとしているらしい。

変化の過程を描写すると、まずマンブルの頭が侵入者のほうへ向き、目がらんらんとそちらを見据える。そして体の輪郭がみるみる変わっていく。この場合は、脚を伸ばして背を高く見せようとはせず、肩のうしろの羽毛をぎゅっと圧縮させて身を細める。すると、トークが下へ滑り落ちたように見え、頭皮と顔がまるきり変化する。丸い球形だった頭が縮んで、後頭部の羽がぺたんと平らになり、前頭部の羽がつんつん立って部分的な〝モヒカン頭〟と化す。目の上部と眉間の羽がけばけばしい睫毛さながら前方へ突き出し、目が細められる。同時に、顔盤の両端の平らな面がうしろへならされ、いかにも尖った細い顔つきになる。わずか数秒のあいだに、穏和で退屈そうな表情から敵意と警戒心の塊になり、まちがっても敵に回したくないフクロウへと、忽然と変貌するのだ。

休息中、マンブルの頭の羽は頭頂から後頭部にかけて継ぎ目なく見え、一枚の頭巾と化して、背中の上部と両肩を覆う薄茶色の分厚い肩羽と混じりあう。外縁では暗褐色の縞入りの白い羽がちょこちょことのぞいているが、それをのぞけば、まだら模様の肩羽がそれぞれどこで次の一枚と重なっているのかほぼ見分けがつかない。それでも、背中の下部を覆う羽は、全体よりもわずかに色が濃いのが見て取れる。

鳥類の皮膚には、ほ乳類よりも触感の受容器細胞が数多くあり、どうやら、羽の下に生えた髪の毛状の糸状羽《しじょうう》が圧力と震動の情報を集めているらしい。これらがさまざまな羽の相対的な位置を脳に伝え、そのおかげでマンブルはさして意識せずに〝服装を整える〟ことができる。人間に置き換えて考えてみよう。じつにうらやましい能力だ。ぼくたち人間は、昼寝から目覚めたあと鏡の前を通ってはじめて、ぼさぼさの髪で歩きまわっていたことに気づく。フクロウなら、鏡はいらない。どういうわけか、髪の毛が乱れていることを頭脳で気づける――それも、皮膚に触れる洋服の圧力をぼくたちがかすかに感じ取るよりも、うんと鮮烈に。脳からの無意識のメッセージが頭皮の筋肉に伝えられ（ただし、かなりゆったりとかぶさった頭皮でなくてはいけない）、それを受けて髪の毛がすっと元に戻ってまとまる。ひょっとしたら、目にかかった前髪を、手も使わずにどけることさえできるかもしれない。

マンブルの胴体の前部をびっしりと覆うのは、中央に暗褐色の縦縞が一本入ったふわふわのクリーム色の羽だ（換羽中に、じつは先端だけが白と茶色であることを知った――各羽の大部分は、ふわふわした濃い灰色の羽枝《うし》からなるが、びっしりと密集しているせいで外からは完全に隠されている）。この断熱性にすぐれた幾重もの層はじつにやわらかく、冬のあいだ、ねぐらの枝で何時間も身動きせずに過ごしても暖かさを保てるように作られている。鳥類はぼくたち人間よりも体温がかなり高く、モリフクロウの豪奢な衣服はいわば自前の羽毛布団といったところだろう。ふわふわの羽が腹部へおりて、両脚のあいだをうしろへ続き、尾の下にある円錐形の臀部ではまっ白の羽に変わる。この円錐形の部位は、椎骨ではなく骨盤の延長だ。

円錐の上に位置する脊柱の先端はふたつに分かれ、そこから長い尾羽が一二枚生えて、根元の上下を覆う小ぶりの上尾筒で補強されている。中央の四枚の尾羽は細長く、幅がほぼ一定で、オフホワイトの先端をのぞけば全体的にのっぺりした茶色だ。これら四枚の左右には幅広の羽が四枚ずつあり、翼の風切羽と同じく縞模様がついている。持続飛行中は、一二枚の尾羽すべてが横に広がって大きな扇形になる。ちらりと見えた感じでは、真っ平らではなく浅い弧を描いて広がり、頂点となる中央の四枚からしだいに傾斜して、外側の羽が下に来るように重なりあっている。マンブルがゆっくりくつろいでいるとき、外側の模様つきの羽は内へしまわれ、中央の無地の羽の下できれいに重なりあう。そのさまはさながら、たたまれた婦人用の扇子といった感じだ。

フクロウの脚はきわめて強靭で、骨盤の股関節のほかに、ふたつの主関節がある（一五〇ページの骨格図を参照いただけると、わかりやすい）。これらふたつの主関節のうち上のほう――爬虫類の〝膝〟だった部分――は、大腿の下部に位置し、ぼくたち人間の膝と同じくうしろへ折れるように曲がるが、体羽《たいう》に覆われているせいでほとんど見えない。下のほうの主関節は、かつて向こうずねだったが現在は脛骨と腓骨が融合した部位の下に位置し、前へ折れるように曲がる。この関節は、爬虫類の〝足首〟だった。ところが、その下にある爬虫類の〝足〟がたいそう長くなり、ぼくたちがフクロウの下半分の脚と認識する部位（ふ蹠骨《しょこつ》）に連結しているせいで、いまやこのふ蹠骨の先端がいかにも足首のように見えるが、ふ蹠骨は実際は足の甲に相当し、そこから指が前後に伸びている。

マンブルの脚はたいてい、前向きに折れるふたつめの関節まで体羽と綿毛にすっぽりと上から覆われており、習慣的なうずくまった姿勢をとると、下のほうも消えて爪しか見えなくなる。また、よく片方の脚を折りたたんで体羽の〝ポケット〟に入れ、もう片方の脚だけで立つ（そして眠る）ことがある。フクロウほど生来のバランス感覚がよければ、冬の冷たい空気に二本の脚を同時にさらすのは無意味だし、急な緊急事態か好機が訪れたときに両脚が寒さでこわばって動かない、という事態に陥らないことが肝要だ。

キッチンで、引き裂ける物体に着地攻撃を加えている瞬間。マンブルの脚全体を拝めるめったにない機会だ。

フクロウの左右の足にはそれぞれ四本の指があり、くつろいで立っているときには、二本が前方へ、もう二本が後方へ曲がっている。ところが、うしろの指の外側の根元に〝動きが自在な〟関節があるおかげで、うしろの指を自分の意志で前に回し、三本は前、一本はうしろといった形態に変更できる。飛行中、もうじき着地するか獲物を攻撃する場合に、たまにこれを行なう。マンブルの脚全体と足の上部は、表面が黄色がかった灰色の細かい羽毛で覆われている。この羽毛は保温性があると同時に、反抗的な獲物に噛まれたときにささやかながら保護する役割を果たす。ごくまれに脚全体を目にすると、脚の下部や足のほうが、脚の上部よりも毛深いことに気づく。なんだか、毛皮のブーツの上端を靴ひもで固く締め、足の甲にかけて広げていった感じだ。これらの羽毛のあいだの敏感な毛状羽《もうじょうう》が、なんであれ触れたものに関する情報を神経系に送っている。

マンブルの足指の裏側は淡いピンクがかった灰色で、小さな瘤にびっしりと覆われているが、表面がこうした〝サメ皮〟状だからこそ、がっちりとものをつかめる。爪は指の先端の大きな〝指関節〟から上向きに生え、つけ根の麦わら色から先端のつややかな濃い灰色へと色合いが変化し、長さは二センチあまり、サーベルみたいに湾曲して先が尖っている。マンブルが平らな面に立っているとき、この上向きの湾曲のおかげで、爪の先端以外が地表に触れることはない。〝羽毛のポケットにしまう〟ために片足を丸めるか、継続飛行中に両足を丸める場合、前後の爪が指関節から内側へ、つまり指の下側へ折りたたまれる。なんだか、ジャックナイフの刃が二本ずつ向かいあって閉じたみたいな格好だ。内側の前後の指が人間の親指と人差し指に相当して物をつかむ役割を担い、一種の歯止め装置のおかげで、意識的に力を入れなくても物を押し砕くほどの強さで握りつづけられる——だからこそ、獲物をほぼ瞬時に殺すことが可能なのだ。

できることなら翼を詳しく調べたかったが、当然ながら、マンブルは繊細な〝工学技術の奇跡〟をおとなしく触らせてはくれなかった。短距離飛行のあいだと、羽づくろい中の伸びだけでは、時間が短すぎて細かい部分を的確に調べられない。そこで、やむなく文献に掲載された図で学び、あとからマンブルの抜け羽とくらべることにした。

一五〇ページの骨格図をもう一度参照すると、翼が当初の爬虫類の〝腕〟すなわち前脚からいかに進化したかがわかる。肩関節の先に、ぼくたちの目にはおおよそ同じ長さに見える三つの部位が存在するが、いちばん外側の部位はほぼ羽からなる。〝上腕〟の一本だけの骨、すなわち上腕骨は〝ひじ〟の部分で終わり、この関節から前方へ折れる形で二本の〝下腕〟の骨、尺骨《しゃっこつ》と橈骨《とうこつ》が伸びて、〝手首〟で終わる。そこからうしろ向きに、部分的に融合した長い〝指〟、すなわち掌骨が伸びている（肩と〝ひじ〟の関節はいずれも、分厚い羽の層に隠されて、ぼくたちの目には見えない）。

モリフクロウは森林に住むフクロウで、生い茂った木々のあいだを飛ぶことから、すばやく体を傾けて旋回するための機動性が必要になる。したがって、メンフクロウやコミミズクといった開けた土地を長く飛行するフクロウよりも、翼の長さは比較的短くて幅が広い。とはいえ、雌の成鳥が翼を広げると一メートル前後に達し、先端がはっきりと分かれている。翼の先端部から後縁のなかほどにかけて、大ぶりで強靭な主翼羽、すなわち風切羽が左右一〇枚ずつ生えている。後縁のなかほどから胴体までは、やや小ぶりの次列風切羽が一一枚から一九枚ほど並ぶ（文献によっては、最も胴体に近くて小さい羽を三列風切羽と記している）。

翼の先から三分の一ほどの位置、つまり〝手首〟のすぐ外側の前縁に、外向きに小翼が生えている。〝手首〟から先の部分は爬虫類の〝手〟から進化しているため、この小翼は爬虫類の〝親指〟の名残とも言えるが、骨を独立して動かすことができるおかげで、航空機の前縁フラップの役目を果たす（いや、正確を期すなら、航空機のフラップはこの小翼を稚拙に模倣したぎこちない動きをする、と描写すべきだろう）。

鳥類のほとんどは――フクロウの場合は一部だが――光沢のある硬い風切羽を持ち、これがオールの働きをしてナイフさながら空気を切る。かたやモリフクロウは、スピードを犠牲にしてほぼ無音の飛行を手に入れた。主翼の前縁に並んだ小羽枝は〝同時にビュンビュン動く〟のではなく、歯の細かい櫛か飾り縁のようになっている。この形状と、羽の表面を覆うベルベット状の綿毛が、翼の上の乱流を分散させて空気の流れる音をほぼ無音にまで減らす。また、翼面荷重が小さいおかげで常時羽ばたく必要もない。その結果、フクロウはほぼ音をたてず滑るように飛行できる。狩りにはきわめて貴重な要素だ。羽ばたき音で獲物を警戒させる恐れも、高性能の聴覚〝コンピューター〟で高周波の音信号を処理するさいに邪魔になる恐れもない。

マンブルの翼の表面を見ると、初列および次列風切羽の背景色は後縁から先端にかけて一般的な茶色から薄茶色へ、そしてオフホワイトへと変化し、それぞれに暗褐色の不揃いな縞が五、六本入っている。翼の内側には、ベルベット状の茶色い雨覆羽《あまおおいばね》が前縁から重なりあって並び、前方から後方へしだいに大きさを増して、次列および初列風切羽の根元をなめらかに覆う。翼の下面は、表面と同じ偽装模様がついているが、色は薄めで、灰色がかった淡いクリーム色を一面に散布した印象を受ける。

マンブルはふつう、飛行中か大きな伸びをするときにだけ、翼の三つの部位を完全に広げる。それ以外のときは、外側の三分の二――〝ひじ〟から〝手首〟にかけての前に折れる部分と、〝手首〟から〝指先〟にかけてのうしろに折れる部分――を逆V字形にぎゅっと折りたたみ、初列風切羽を次列風切羽の下に収めている。ふだんのくつろいだ姿勢をとると、このなめらかな逆V字の頂点が肩のように見えるが、実際には曲げた〝手首〟であり、外からは見えない肩関節の横にぴったりくっついている。爬虫類の〝上腕〟だった部位、つまり肩と〝ひじ〟のあいだの部分もかたく両脇に押しつけられ、わずかなりとも広げられるのは、外側のふたつの部位を一枚の分厚い羽毛の扇として動かすときだけだ。

ある夜、マンブルがリビングの床をパトロールしているとき、肩で風を切るその歩きぶりが、日本の侍映画の登場人物を思い起こさせた。なにしろ、三船敏郎演じる武士よろしく、想像上の侮辱にいきなり激高しそうな気むずかしい雰囲気を漂わせているのだ。頭を高く掲げてうしろに回し、〝あご〟を羽毛に差し入れて、あらゆる方角にさっと目を走らせるその姿は、侍が緊張させた手を二本の刀の柄にかけた姿と重なって見える。

この妄想から、すぐさま次の妄想が浮かんできた——マンブルの羽毛には、十六世紀の侍が身につけていた層状の鎧と共通点がある。どちらも、たくさんの小さな構成要素——侍の場合は縫いあわせた鉄の切片、マンブルの場合は羽毛の一枚一枚——が集まって、大きな一枚の板に見えるのだ。絹糸で刺繍が施された大名の漆塗りの胴鎧と同じく、マンブルの羽にも、複雑な縞模様と淡い色の散らし模様が施されている。このマンションに来た当初、まだふわふわの綿毛でできた幼児用ワンピースを身につけていたころは、それらを動かせるようには見えず、動かせるとしても一枚の層として全体が動くのではないかと思われた。ところが、おとなの羽が生えてくると、場所を選んでたくみに動かすことができ、そのさまにぼくは目を奪われた。

“パネル”状の羽を見せびらかしているところ。肩羽の“ショール”が、たたまれた翼にかぶさっている。

皮膚の下にある筋肉の動きによって、マンブルは体のさまざまな羽を意のままに束ねたり広げたりできるばかりか、〝鎧の切片〟すなわちある範囲の羽全体を独立して動かすこともできる。たとえば、左右の下腹部の羽を一枚ずつくわえて上向きに羽づくろいするとき、左または右半分の羽全体がひと塊になって持ちあがるが、もう半分は平らなまま動かずにいる。この〝パネル〟状の動きが顕著なのは、背中の上部にある肩羽だ。たたまれた翼のうしろ端と重なりあっている部分で、ふだんはひとつの部品に見えるが、マンブルはときおり、それを開いて左右に分離させていた。そしてまた収めるとき、翼がぴったりとくっつくまで、肩羽はしばらくふわっと膨らんだままでいる。マンブルがぶるんと体を震わせると、肩羽がさがって関節の上にかぶさり、見たところ連続した一枚の層と化すのだ。

こうした光景、あるいはほかの息を吞む光景を目にするにつけ、ぼくの同居人はただ美しいだけではないことに気づかされた。マンブルは、自然が行なった機能的な設計のきわめて優美な実例なのだ。

第7章　マンブルの一日

マンブルの日課の何よりも重要なことがらは、当然ながら、生きるのに必要不可欠な単純事項――すなわち摂食行動および、栄養になる部位の消化、栄養にならない部位の排泄、羽毛を完璧な状態に保つための羽づくろいだ。起きている時間のうち、これら必須の任務に割かれていない時間はすべて、あのビーズみたいな目を周囲に光らせることと、(若いころはとくに)〝戦闘ゲーム〟に興じることに費やされていた。

このマンションにやって来た当初から、マンブルはヒヨコを丸呑みできたので、ウェリントンのときには必要だった不快な作業、つまり鋏で半分に切断する作業をせずにすんだ。おおよその推定体重をもとに一日約一一〇グラムの食糧を要すると見当をつけ、基本の配給量はヒヨコ二羽とした(この数は必ずしも一定ではない。なにしろ、あのEUでさえ、完全な標準サイズでヒヨコを供給すべし、という規則をいまだに定めていないのだから)。最初のうちは夜寝る前に二羽とも与えていたが、やがて夕食と朝食に分けるようになった。記録用ノートを見ても、その理由は書かれていない。マンブルが自分で望んだ可能性はある。とはいえ、おそらくぼくに要因があり、朝、通勤電車の時刻が迫っているのになかなか捕まえさせてくれないとき、移動用バスケットに誘いこんでバルコニーの鳥小屋に連れて行く手段にしていたのだろう(当時はこの行為について深く考えなかったが、ずいぶん経ってから、結果的に一日のうちマンブルが消化に費やす時間を二倍にしているのだと気づいた。幸いにも、とくに害はなかったようだ。マンブルはときおり、ヒヨコの一部をのちの間食として手つかずでとっておいたからだ。もっとも、そのせいで、マンブルがいつ――ひいては、どこで――排便するか推し測るという、すでに失敗が運命づけられていたほくの試みが台無しになった)。

一緒に暮らしはじめて二、三日は、キッチンの夜用鳥かごに閉じこめるにあたり、夕食をなかに放りこんでおびき寄せていたが、すぐにその必要はなくなった。ぼくが口笛を吹くか、冷蔵庫から解凍済みのヒヨコを取り出してお湯で温めだすと、マンブルはたちまち夜用の鳥かごにまっすぐ入って、たいていは嘴をかちかち鳴らしながら、食事が出されるのをもどかしげに待っている。また、すでにバルコニーの鳥小屋にいるときに朝食のヒヨコを与えると、勢いこんで遠くから身を乗り出したあげく、バランスを崩して翼をばたつかせ、四五度の角度でなかばホバリングするはめになったが、足はしっかりと止まり木をつかんでいた。そして、ゴシック教会の獣状の吐水口《ガーゴイル》を思わせるこの姿勢からヒヨコをかっ攫《さら》うと、食べ物でふさがった嘴で金属的な音をたてつつ、体をひるがえして定位置に戻る。そこでおもむろにヒヨコを片足に移し、しばらく周囲を見まわしてから、食事用の棚に跳び移ってかがんで食べはじめる。うっかり床に滑り落としたときはどさりと跳んで降り、ヒヨコの上に立って警戒のしぐさを見せる。だれにも渡すものかと言わんばかりに上から翼をかぶせて猛然とあたりをにらみつけたあとで、もう一度ヒヨコをつかみ、止まり木に戻るのだ。

マンブルはぼくが観察していても気にかけず、食事にすっかり没頭したようすで、ヒヨコを片足で抱え、頭を繰り返しさげては塊をむしり取っていた。ひと囓りするたびに顔を上に向け、呑みこむ過程が楽になるよう喉をまっすぐにする。どうやら、かがむときには目を閉じるが、頭をそらして二、三度大きく呑みこむときには細くあけているようだ。マンブルはよく脚の部分を最後まで残し、つけ根のほうから食べていったが、その姿は少しばかりおぞましかった——すっかり呑みこむまで、なんとなく人間の〝手〟を思わせる小さな部位がひとつ、ときにはふたつとも嘴の端からのぞいているのだ。食べおえると、たいていは嘴の両端を止まり木で〝研ぐ〟。おそらく、乾きかけた血液と卵黄を取りのぞくためだ（また、食事の途中に止まり木を噛んだり嘴をこすりつけたりするが、たぶん、本能的に嘴の切れ味を保とうとしているのだろう。まんいち上嘴が伸びて鉤の部分が長くなりすぎたら、うまく食べ物を突き刺せなくなる。大きなトレイパーチの松材が、マンブルのお気に入りの〝砥石〟だった）。

マンブルの食べ物への関心は、兵站の側面にもおよんでいたようだ。あるとき、キッチンで放鳥中に、ヒヨコを袋からフリーザーの棚に補充していると、マンブルは興味津々で見守った。最初はぼくの肩に止まり、ヒヨコを数えてビニール袋に入れる作業をうっとりした表情で眺めていたが、ぼくが冷凍庫の扉をあけると、今度はその上端に跳び移り、両足のあいだに頭を入れて、袋がひとつ、またひとつと収まっていくさまを見守った（にわかに、クリップボードとペンを持ったマンブルが、ひと袋ごとに補充目録にチェックする光景が浮かんできた）。ビニールに包まれたヒヨコの岩壁が庫内に築かれると、マンブルは一緒に収容されたがり、翼をばたつかせてバランスをとりながら、いちばん下の氷のような棚にしがみついた。

猛禽類は水を飲まず、必要な水分をすべて食べ物から摂取すると言われているが、フクロウと同居した人間でそうした主張を行なう者はひとりもいない。バルコニーの鳥小屋にいるとき、マンブルはよく水浴び用皿の縁に止まって、両足のあいだから頭を下に向けていた。そして、たくみに水を掬いあげると、頭をうしろに反らして喉に滑りこませる。目をまたたきながら喉を動かすそのさまは、どう見ても水を飲む姿だ。二年めのある夜、キッチンに入ってみると、マンブルが流しの洗い桶の縁にうずくまって、水がぽたぽた落ちる蛇口の下に頭を持っていき、開いた嘴で水滴をそっと受けとめていた。これを見たあと、ぼくはときどき、わざと水を滴らせておくようにした。ただし、スポンジをその下に置き、水音で自分の頭

水が細く垂れているキッチンの蛇口におそるおそる近づくマンブル。その下に数分うずくまり、開いた嘴で水を受けとめている。

がおかしくならないようにして。

フクロウとの生活を正直に描写するなら、ぼくたちが婉曲的に〝胸が悪くなる場面〟と呼ぶものを避けては通れない。

昼行性の猛禽類とはちがって、フクロウの喉には〝そのう〟つまり食糧貯蔵庫がなく、胃が二段階に分かれている。歯を持たない鳥類は食べ物を嚙めないので丸呑みするほかなく、雛は獲物を呑みこめる大きさに引き裂くすべを覚えざるをえない。マンブルは常食のヒヨコをたくみにさばいていたが、のちにぼくたちが田舎に引っ越したあと、ときどき野心的になりすぎて、なじみのない獲物を〝生きたまま〟捕まえることがあった。だが食べたのちは、自分の貪欲さを後悔しているのがありありで、なんとも気持ち悪そうな表情でじっと動かず、止まり木に直立して目を細めたまま仰向けに首を伸ばしていた――なかば開いた嘴から、何かの尻尾をだらんと垂らして。

なんとか呑みこまれたあと、食べ物は〝前胃《ぜんい》〟に入り、強力な酸と酵素で分解される。すでに述べたとおり、フクロウは体重のおよそ二割分の食べ物を毎日摂取しなくてはならず、次の食べ物の場所を空けるために消化の過程を比較的速く単純にする必要がある。したがって、硬い部位または分解できない部位――骨、歯、嘴、昆虫の翅鞘《さやばね》、動物の被毛や鳥類の羽毛――は、砂嚢《さのう》に送られ、時間を節約するために、そこで吐き戻し用の小塊《ペリット》に成形される（このペリットをこしらえるのは猛禽類だけだと思われがちだが、実のところ、何百種もの鳥類がこれを行なう――イギリスにいる鳥としては、たとえばカワセミやアオサギ、ミヤマガラス、ムクドリ、スズメ、さらにはコマドリも含まれる）。いっぽう、有益な部位は吸収されて栄養になり、結果として必然的に、体外へ排泄されるべき廃物ができる。

鳥類は尿用の独立した膀胱を持たないので（体重を軽減するために内臓に施した数多い変更点のひとつだ）、フクロウの〝ひとつにまとめられた〟糞は強い酸性で、不快な臭いを放ち、茶色と白のどろどろの塊と化す。これが、かなりの強さでうしろへ水平に排泄される――タカ匠が〝スライシング〟と呼ぶ過程で、噛み煙草の常用者が有害なねばつく茶色の液を吐き出すのに似ている。拳にフクロウを乗せて連れ歩く者はだれしも、じきに、尾がどちらを向いているのかつねに留意するようになる――とくに、何も知らない一般市民が愛でようと近づいてきたときには。前触れはわずか二、三秒しかなく、行為直前の兆候に警戒を怠らないことが肝要だ。わずかに身をかがめ、考えこむ表情になったかと思うと、いきなり尾があがって綿毛が分かれ、そして――〝魚雷発射！〟

ぼくはかつて、餌やりの状況から考えて、マンブルが一日の何時ごろ糞をするのか導き出そうとしたが、そもそもが無駄な試みだった。ただし、部屋のどの領域の危険度が高いか割り出す作業は少しばかり成功したので、床におびただしい量の新聞紙を敷き詰め、薄いビニールシートを張っておいた。明白な〝爆心地《グランド・ゼロ》〟はお気に入りの止まり木周辺だが、マンブルがときどき無頓着な排泄におよぶせいで、ぼくはただ黙って受け入れるほかなく、汚れをこすり落としたあとでじゅうたんのその部分を漂白するはめになった（幸いにも安物で、どのみち最初から色も気に入っていなかったのだが）。フクロウと暮らすために喜んでこの代償を払うさまは、おそらく都会の友人たちにはどうにも理解しがたい奇行に思えたはずだ。

この避けようのない不快な行為にくらべると、ペリットを吐き戻すのは地味な行為に思える（それどころか、フクロウの食事内容と分布を調査する科学者にとって、ペリットは貴重な情報源だ）。餌のうち消化できない部位は、砂嚢のなかで短いソーセージ型にきれいに丸められ、被毛か羽毛でしっかりと包まれて、前胃に送り戻される。そこに数時間滞留し、しかるのちに吐き戻される。野生下ではふつう、日中にねぐらで過ごすあいだに行なわれる。文献によれば、この消化プロセスのあいだはあらたな獲物を呑みこめないらしいが、ぼくはこの事実になかなか気づかず、（前述のとおり）よく夕食と朝食に分けて餌を与えていた。それでもマンブルは、不快な思いをせずにうまく対処できていたようだ。

マンブルがペリットを吐き戻す兆候は、まずは大きなあくびだ。それから身を低くかがめ、一秒間に四、五回の速さで激しく左右に頭を振る。やがて静止し、数秒ほど直立したかと思うと、また身をかがめてすばやく頭を振りはじめる。一連の動作をたぶん四、五回ほど繰り返したのちに、大きなあくびを何度も行なう——約一〇秒に一回の割合で、一分ばかり連続して。その後、直立した姿勢で頭を振ったあげく、すっかりなかったことにする場合もある。なんだか、がんばるのをしばらくやめようと決めた感じで、人間に置き換えると、いまにもくしゃみが出そうなのになかなか出せない状況に似ている。だが、しかるべく準備ができたら、また身をかがめ、目を閉じて頭を振りだす——そしてようやく、ペリットがころんと嘴から出てくる。喉を詰まらせることも、逆戻りすることもない。ペリットが出現するのは、あくびの最中ではなく、左右に首を振っているときだ。食事はほぼヒヨコにかぎられているので、マンブルのペリットは黄色っぽい灰色になる。はじめはぬるぬるしているが、すぐに乾いて、触ってもまったく不快な思いをしない。

この過程はたいして集中力を必要としないらしく、弱みを見せたというそぶりも、ぴりぴりした雰囲気もなかった。あくびか首振りの最中にたまたまぼくが通りかかると、ときに肩にぴょんと跳び移り、そこで続きを行なうことがあった。さも、驚くべきことは何も起きていない、といったようすで。

　ほかの動物と同じく、マンブルも見るからに、伸びをすることから肉体的な喜びを得ていた。うしろにじゅうぶんな空間を確保できる止まり木で、バランスをとりつつ片脚立ちになり、そちら側にわずかに体を傾ける。それからゆっくりと慎重に、反対側の翼を下向きに広げる。初列と次列の風切羽を指よろしく開くと同時に、脚のつけ根から足先まで翼の内側で下向きに伸ばし、指はめいっぱい広げている。この姿勢を二、三秒ほど保ったあとで、おもむろに翼をたたみ、足を止まり木に戻してから、今度は反対側に体を傾け、もう一方の翼と脚で同じ動作を繰り返す。重心を中央に戻したあとは、爪先にかぶさるように頭をかがめて、両方の翼を背中の上へ持ちあげ、〝手首〟の部分を曲げて左右対称のL字型を作る。いわば、古代ローマ軍団《レギオン》のワシの紋章の模倣、といったところだろうか。やがてまた直立の姿勢をとり、両肩をすくめてたたんだ翼をするりと定位置に戻し、体羽をまとめるために身震いをする。あるとき、マンブルが扉の上で伸びをしている最中に通りかかったところ、甲高い声をあげながら伸びを続けると同時に、突然の衝動に駆られたのか大きなあくびをした。その姿は、アニメのオペラ歌手が最高音域に達するときに示す、いかにも芝居じみた大げさなしぐさを思わせた（ただし、マンブルの鳴き声はブリキのトランペットがたてる騒々しい音に近かったが）。

　こうした伸びは、気まぐれに、とくに考えることなく興じられる楽しみのようだ。かたや本格的な羽づくろいは、とことん精力を注ぐ作業で、ともすれば一時間休みなく丹念な手入れに勤しむことがある。

鳥類はすべて、かなりの頻度で羽づくろいを行なう。びっしりと集まった羽毛から埃や寄生虫を取りのぞくためと、翼面をなめらかにするためだ。ずらり並んだ羽枝の一本一本が小羽枝によって互いにからみあい、途切れのない一枚の主翼羽をなしている。激しく動かすとこれらが離れてしまうので、嘴で羽をならして〝くっつけなおす〟わけだ。マンブルはたいてい翼から羽づくろいを始める。翼を持ちあげて前のほうへひねり、飛び出しているか乱れている羽を一枚ずつ選んでは、ゆっくりと端から端まで嘴でなぞっていき、一秒間に約八回の速さで機関銃のような音をたてながら、また固くくっつけあわせる。ときおり、頭をうしろにひねった状態でこれを行ない、背中のなかほどに達するまで初列風切羽を一枚ずつ嘴でつつくこともある。

観察者として、マンブルの羽づくろいにはいつも楽しませてもらった――途方もなく敏捷で、おそろしくせわしない作業なのだ。この間《かん》、頭はわずか数秒たりとじっとしていない。目を閉じるか細めて、頭を上下させたり、左右にひねったり、めいっぱい傾けたりしながら、嘴で羽の根元を掘りかえしては少しずつついばんでいく。なんだか、まとったスーツがぶかぶかすぎて、二、三箇所でかろうじて体にくっついているみたいだ。また、個々の羽が集まって一枚の動く〝パネル〟ができていることを、あらためて再認識させられる。たとえば、後部の肩羽を全体的に左右いずれかにずらし、肩の部分のほぼ半分を嘴の届く範囲に持っていけるのだ。喉の羽に取り組むときは、ふだんよりも頭がかなり小さく見え、後頭部が平らになる。頭と首の縁なし帽《トーク》を下に滑り落として分厚い襞襟を作り、後頭部をうしろへぐっと引く格好で、少しずつ嘴でついばむ――まずは〝あご〟の襞襟をくわえてから、しだいに肩のほうへ嘴を回し、根元を激しくつついて、つついて、つつきたおす。

モリフクロウは頭をゆうに二七〇度回転させることができる。具体的に言えば、まず顔を前に向けた状態（一二時の位置）から、右へ一八〇度回し、まっすぐうしろ向きになるようにする（六時の位置）。さらに右に回転を続けて、左肩の線の延長に顔が向くようにする（九時の位置）。これで二七〇度だ。たとえフクロウの首と同じ数だけ椎骨があったとしても、人間がこれを行なったら意識を失ってしまう。首をひねると大動脈が締めつけられ、脳の酸素が欠乏するからだ。フクロウには頸動脈と椎骨動脈に特別な〝バイパス〟があり、これを防げる（とはいえ、現実には、マンブルは一八〇度以上頭を回さないだけの良識を持っていた――体の片側をついばみたいときに、なぜ反対側からぐるりと遠回りしなくてはならないのだ？）

首をすくめてトークに入れ、体の下部に嘴が届くよう頭をかがめたら、長いはずの首が、頭と胴のつなぎ目のもこもこした羽毛にすっかり隠れてしまう。また、目を閉じて頭をぐるりと回し、ふわふわに逆立った羽毛の塊に嘴を突っこんだら顔がまったく見えなくなり、そのまま予想のできない方向へおりていく。羽づくろいのさなかに目を開けば、たちまち顔が現れるわけだが、見たところありえない場所から意外な角度で出現する。こんなふうに、どの羽毛の塊がマンブルの頭でどれがちがう箇所なのかよくわからないといった状況がいっそう顕著になるのは、逆さにした顔を翼の下にぐっと突っこんで、〝腋の下〟をつついているときだ。あるいは、首を一八〇度うしろへ回して、尾のつけ根をついばんでいると、正面からはまったく頭がないように見える。

頭のないフクロウ。背中の小さい羽毛をつくろうマンブルを正面から見たところ。いつ見ても、羽づくろい中に体をねじ曲げる姿には魅了された。

尾羽をつくろうときは、個々の羽柄《うへい》に嘴が届くように、尾をさまざまな方向に自在に持ちあげては、指さながら広げている。

このじつに魅力的な曲芸師のショーを何度か見たあとで、なぜマンブルはしじゅう尾のすぐ上の部分に顔をこすりつけてぐりぐり回すのだろう、と不思議に思いはじめた。そこで、うしろから観察してみて、一瞬ショックを受けた。尾のつけ根に密生する黒っぽい羽毛が分かれ、灰色がかった皮膚から何やらピンク色のピラミッド型の物体が突き出しているではないか。怪我でもしたのかと慌てた瞬間、マンブルの〝肉体から分離した〟顔が、羽毛の茂みのなかをすっとおりてきた。そして、いかにも満足げに嘴の側面をこの物体にこすりつけると、頭をまっすぐ起こしてぶるんと羽毛を振り、またこの物体を隠した。まぬけにも、ぼくはつかの間、ごく私的な身づくろいの場面に出くわしたような、なんとも言えないきまり悪さを覚えた。文献をあたったところ、ピンク色の突起は尾腺または尾脂腺と呼ばれ、それをこすることで放出される脂質の液体を、あちこちに塗りつけているのだとわかった——羽毛の状態を良好に保つためと、日光浴をするときにビタミンDの生成をうながすためだ（ちなみに、メンフクロウにもこの尾脂腺はあるが、なんと脂は出さないらしい）。

嘴が届かない唯一の部位は頭本体で、羽づくろいの一環として、マンブルは足の爪でふわふわの球体を掻いていく。その姿はなんだか、イヌがうしろ足を回転させながら耳のうしろを掻くさまを思わせる。剃刀のように鋭い爪の先を前後に激しく動かしながら、頭と顔のさまざまな面をこの〝電動丸のこ〟に慎重にあてていると、細かい羽くずがあちこちに飛び散っていく。爪の動きが止まったときには、顔の羽毛が逆立って全体がふわふわの塊になっているが、数秒後にはゆるやかに下へおりて元の位置に戻る（あるとき、顔を念入りに掻きたいという衝動がペリットを吐き戻す過程と重なったことがある。止まり木にうずくまっていたマンブルが大きなあくびをし、頭を傾けて激しく掻きはじめたが、そのさなかにもう一度あくびをした。そして次の瞬間、ぶざまな格好で宙に転げ落ちた。どうやら片脚立ちでは、両方の衝動を同時に満足させるほどバランスがとれないらしい)。

羽づくろいの終わりにはいつも、ぶわっと羽毛を膨らませて、音がはっきり聞こえるほど強烈な身震いをする——体じゅうの羽毛をばらばらに逆立てて、繰り返し五、六回ほど。そのあとで、仕上げの作業を行なう。いかにも優美に肩をすくめ、巻きあがった翼の先端を肩羽とふわふわの胸の羽毛に収めて、最後に一回足を踏みかえる。

マンブルにはしじゅう従事している活動があり、ほかの娯楽はすべて一時的な気晴らしにすぎない。その活動とは、ひたすら観察すること。そう、マンブルの仕事、趣味、情熱を注ぐ対象は何かをじっと見つめることなのだ——自然界の秩序における立ち位置にかんがみれば、とくに驚く事実ではない。見晴らしのきくさまざまなお気に入りの場所から、マンブルは室内の環境をつねに監視し、かすかな音か動きを探知すると、おそらくはどんな肉食動物にとっても中心となる問いに、答えを出す。そいつに飛びかかることはできるのか、あるいは、そいつが飛びかかってこようとしているのか、と。

もし、小さくて動くものであれば（マンションの七階では、昆虫を意味する）、ほんの数センチも進まないうちに、マンブルが急降下爆撃機《シュトゥーカ》よろしく襲いかかるが、もし、身動きひとつせず正体が不明であるなら、マンブルはうずくまってじっとにらみつける。識別できない物体に直面したときの、この大胆不敵さと慎重さは、保護された短い生涯で身につくものではなく、どう考えても遺伝的な性質だ。ひょっとして数千万年前、フクロウの始祖プロトストリクスは、〝枯れ枝に見える物体がいきなり嚙みついてきた体験〟について種の記憶をささやいていたのだろうか。そうだとしても、マンブルはじきに、この部屋においては自分が食物連鎖の頂点だと悟ることになる。問題は、なんであれ生きた獲物は、自分のほうがうんと大きいせいで、捕まえるのがむずかしいことなのだ。

二年めの夏、リビングの天井に止まっている蝿にマンブルが目を留め、執拗だが成功はおぼつかない一連の攻撃が始まった。ぶんぶん飛ぶ蝿をあちこちの止まり木からにらみつけ、頭を上下左右させて追うさまを見ていると、しまいには、頭のネジがゆるんではずれるのではないかと心配になってしまう。ついに蝿が一箇所に落ち着いたと見るや、マンブルは身をかがめてさっと飛び立ち、猛然と羽ばたいて上昇する。最後の瞬間でみごとな後方宙返りをし、腹を天井と平行にして、上向きにえいやと足で攻撃する。だが当然、空振りに終わる。蝿は指のあいだをすり抜け、マンブルは逆さの状態で宙に残されて、じゅうたんにぶつかる前に体勢を立てなおそうと必死に羽ばたくのだ。それでもなお、この無意味な試みを数回行ない、やがて厭気がさすのか、むっつりと飛び去る。

あるとき、（少なくとも、ぼくが目にしたかぎりでは）一回だけ、何やら大きくて動きがのろく、無理なく捕まえられそうな物体を見つけた。マンブルがふいに視線をひたと一点に定めたので、部屋の反対側に目を向けると、小さなカブトムシがカーテンをよじ登っているではないか。蝿に大敗北を喫したあとだけに自信を取り戻すきっかけが欲しいだろうと、ぼくはマンブルを拳に乗せて、カブトムシのそばに連れて行った。パシッ！――惜しい、至近弾だ。カブトムシは数センチ下へ落ちたが、持ちこたえて、またよじ登るのを再開した。パシッ、パシッ！――またもや至近弾。今回は、カブトムシが翅を広げて飛び去った。タカ狩りよろしく、ぼくたちはともにそれを目で追い、天井に止まったのを確認した。マンブルはレーザー光線ばりの鋭い視線でにらみつけ、体勢を整えると、勢いよくぼくの拳を蹴った。完璧なタイミングの後方宙返りと上向きの攻撃——優美なインメルマン反転。そしてマンブルは、ぶんぶん騒ぐカブトムシを握りしめて飛び去り、扉の上で悠然とばりばりかみ砕いた。

生きた獲物があまりいないせいで、マンブルは戦闘ゲームでよしとするほかなかった。高所から紙くず入れに飛びおりる楽しさを早いうちに知って、がさごそと小気味よい音をたてる紙くずのなかで戦勝の踊りをしたが、それよりも楽しんだのはもっと高所で行なわれる闘いだった。

天井の照明のひとつに、〝提灯《ちょうちん》〟型の傘がついていた。螺旋を描く細い針金に白い紙が張られた大きな球状の傘だ。マンブルはじきに、これを攻撃するのがおもしろいことを発見した。なにしろ、爪で蹴ると紙が痛快に破れ、球状の傘がボン、ボンと刺激的に弾む。やがて肩の部分にたくさんの穴があいてもろくなり、骨組みの針金のわずかな重みで崩壊しそうになったときに、この〝第一次世界大戦風船割り〟ゲームの最高潮が訪れた。ある夜、最も戦闘被害の大きい二地点間に残されていた紙切れを、最後の攻撃が引き裂いた。これが連鎖反応を起こし、マンブルが興奮してぐるぐる舞うなかを、螺旋状の構造がゆっくりとほどけて床に垂れさがっていった——あたかも、自然に剝けていくリンゴの皮のように。

お気に入りの止まり木だった、リビングの扉の上部。どうやら、小さいがばりばり噛み砕ける何かを捕まえたところらしい。

マンブルは卓上ランプが大のお気に入りで、一年めには何個も壊した。傘の上端にどすんと不遠慮に着地し、床に蹴り倒すせいだ。意外にも、まぶしい光が目に入ってもマンブルはまったく動じなかった。ランプが荒々しい着地に耐えてまっすぐ立っているときは、傘の細い縁に危なっかしくしがみつき、バランスをとるために翼をなかば広げて指に〝あご〟を載せるような格好で、煌々と照らす電球をじっと見おろしていた。どうやら、温もりにも心惹かれていたようだ。不安定なこの止まり木の上で、目を閉じて数分ほどゆらゆら過ごし、見るからに気持ちよさそうにしている。ある日、この〝太陽灯〟を浴びていたとき、意識がぼんやりしたのか、傘を突き破って、電球の上に足を載せてしまった。焼けつく熱さに気づいたときはもう手遅れで、翼を頭上に広げたまま傘の狭い隙間から逃れようとじたばたしていた。マンブルが両脚にぐっと力を入れて上に急発進したのを見て、落ちてくるランプを受けとめようと、ぼくはむなしい努力をした。そしてほどなく、もっと土台が重いものに買い換えたのだった。

鉢植え植物に対しては、いっそう容赦ない死をもたらした。ときどき葉の上にどさりと乗って蹴りつけたりつついたりしたが、何よりも楽しんだのは〝飛行中にむしる〟ゲームだ。なかでも、ふさふさした長い葉が垂れさがっているオリヅルランは格好の獲物となった。部屋の向こう端から慎重に計算された襲撃を行ない、すばやく上昇旋回しつつ葉っぱの一枚をむしり取って、扉の上に運ぶ。そこで食べるしぐさをするが、これはどう考えても自然に反する暴挙だ。マンブルは葉っぱをアスパラガスの茎よろしく片足に握りしめ、少し囓り取っては、呑みこもうとするかのように頭をのけぞらせる。だが、最後には必ず落として、それが床に着地するさまをうっとりと見つめるのだ。敷き詰めた新聞紙にかけらが落ちるかすかな音で、ぼくは鉢植え植物が着実に破壊されていくのを知る。

あるとき、マンブルはこのゲームに滑稽なひけらかしの要素を加えた。いつもの止まり木に戦利品を運ぶ代わりに、壁のくぼみ部分《アルコーブ》に飛んでいったのだ。そこには、アルブレヒト・デューラーが一五〇八年に描いたかわいらしいフクロウの絵がかけてあった。幅の広いその額縁にしがみついて重みで傾かせながらも、マンブルは嘴にしっかりと葉っぱをくわえ、これみよがしにポーズをとった。そして、ぼくが近づいて額縁からどかそうとすると、勝ち誇ったような〝らっぱ音〟をたてた（口がいっぱいの状態で鳴くと、その声はいつも奇妙な金属性の響きを帯びる）。

マンブルがここで暮らしはじめた当初、最大のオリヅルランが、リビングの一面窓の片端に据えた台座の上ですくすくと育っていた。633爆撃隊の反跳爆撃により二回鉢植えがひっくり返されたあと、ぼくは堆肥をじゅうたんから掃きとる作業にうんざりした。そこで鉢植えを西側の窓台に移動し、さらにむしられるのを防ぐために、棘のある大きなハナキリンとカーテンを戦略的に配置して、マンブルが近づけないようにした。一面窓の台座を無駄に空けておくのもいやなので、代わりにゲルマニクス・ユリウス・カエサル（ローマ皇帝クラウディウスの兄で、タキトゥスの著述から判断するに、呆れるほど機能不全の一族のなかでは最良の人物）のほぼ等身大のどっしりした胸像を置いた。

マンブルはこうした配置変更にたちまち慣れて、

鉢植え植物の葉を裂いている。

“どうかしら、これ？” マンブルが戦利品をくわえて、デューラーのフクロウ画の額縁でポーズをとっている。例によって、戦利品は鉢植え植物の葉っぱだが、マンブルはこれを破壊するのが大好きで、あちこちにかけらを落としていた。

以降は何時間もこの将軍の頭の上で満足そうに過ごすようになった。おかげで、エドガー・アラン・ポー的な格調高い雰囲気が部屋にもたらされたし、幸いにも、ゲルマニクスは簡単に汚れをぬぐい落とせた。また、マンブルが夕焼けを見たくなったときのために、西側の窓台に止まり台として大きな陶器製の樽を据えた——ただし、ハナキリンからはじゅうぶん離したうえで。これもまた気に入ったらしく、マンブルは以降、リビングで過ごす時間を扉の上とゲルマニクスと樽に三分割した。

二、三年ほど一緒に暮らすうちに、マンブルとぼくはおおむね仲間意識を基調としたくつろいだ日常生活を確立した。

夜、帰宅すると、鍵の音でわかるのか、バルコニーから長い流れるようなさえずりが聞こえてくる。迎えに行くころには、マンブルはいつも巣箱にいて、頭を片隅に押しつけて何度かホーホーと鳴いたあとで、巣箱前の止まり木に出てくる。一連の目覚めの日課を終えるのを待って、ぼくが鳥小屋のなかに入ると、自分から肩に乗って挨拶することもある（寒い夜に口ひげをつつかれたときには、嘴からそこはかとなく湿った冷たい浜石の匂いがした――肉食動物の不快な臭いはまったくない）。ときには、巣箱前の止まり木から的確にひと跳びして、ほかの止まり木にはいっさい触れず、開いたバスケットにじかに入ることもある。室内に放鳥したままぼくが出かけて帰宅すると、ときに流れるような、ときに甘えるような鳴き声をあげながら、まっすぐ肩に飛んでくる。もともと群居しない生き物で、生活の大半を一羽きりで過ごすことになじんでいるので、ただ単にだれかがそばにいるのがうれしいわけではない――ぼくをはっきり認識し、ほかの人間と区別して対応しているのだ。マンブルは二年めの夏からほかの人間には必ず敵意を示し、自由の身であるときは攻撃した。だから、この挨拶はあくまでぼくだけのためだ。

逆に、ぼくが触ろうとしたときも、マンブルはめったに避けようとしない。ゲルマニクスに止まっているとき、ぼくはつい衝動に負けて、近づいてそっと頭をなでるか、かがんで目のあいだやふわふわの腹部に鼻を押しつけることがある。場合によっては、マンブルは愛想よく愛撫を受け入れる。あるいは、やさしく甲高い抗議の声をあげ、足の位置をずらして、ためらいがちにちょこんとぼくの鼻をつつく。だが、爪を向けたり、飛び去ったりすることはけっしてない。

マンションでの朝食タイム。マンブルがゲルマニクスからぼくのところへ飛んできた。たぶん、朝刊を“分かちあう”ためだろう。

実のところ、マンブルがぼくを爪で攻撃したことは一度たりとない。たとえ、朝の出勤前に、心の準備ができないうちからバルコニーの鳥小屋へ移されることに憤って、なんとしても移動用のバスケットに入れられまいと奮闘しているときでさえ。こういう場面ではよく、たてつづけに五、六箇所の止まり木からマンブルを引き離すはめになる。鳥を手に乗せる正しいやりかたは、脚のうしろから近づけることだ。そうすれば、自然にうしろ向きに乗ってくる。これがうまくいかず、どうしてもマンブルをその場からどかせたいときには、手を上向きにして、前から爪の下に差しこむ。とんでもないマナー違反だと言いたげな表情をされるが、それでも、うまくいくことはいく――一瞬、バランスをとるのに気を取られ、飛び立つことができないのだ。ぼくがなんとか捕まえるころには、ひどく腹を立てていることもある。憤然と抗議を口走り、ぼくの手をつつくが、あくまで軽くだし、けっして爪を用いない。これはおそろしく節度を守った態度に思え、いつも驚かされる（一度だけ、マンブルに出血させられたことがあるが、悪いのは完全にぼくだ。夕方の日課として部屋の端から端へ静かにすばやく飛んでいるときに、うっかりその進路上に立ってしまい、マンブルが空中で身をかわして避けてくれたにもかかわらず、爪が頬骨に当たって、剃刀で切りつけたような傷がぱっくりあいたのだ）。

いっぽうで、マンブルはよく、ただ肩に飛んでくるだけでなく、自分からぼくに触れてほしがった。肩の上でときどき頭をかがめ、横からぼくのあごひげを〝羽づくろい〟しながら、嘴で機関銃めいた音を小さくたてる。忘れられないのは、ある夜、餌を与えたあとで夜用鳥かごの扉をあけ放ち、自由に夜を過ごさせようとしたとき、マンブルがいきなり肩の上に現れたことだ。それも、食べかけのヒヨコを嘴にくわえたままで、ぼくの顔のほうへ何度も身を乗り出す。疑いなく、ぼくに餌を食べさせようとしているのだ。ひどく胸を打たれるがありがた迷惑な試みをぼくが避けると、マンブルは代わりに、ぬるぬるしたその断片を耳の穴に突っこもうとした。

一年め以降、自分から羽づくろいを要求する機会は減ったが、それでも二、三日に一回は求めてきた。そんな気分になったときは、一夜に一、二回、ひじ掛け椅子まで床を歩いてきて、膝によじ登る。そして体勢を整えたあとで、頭を上に伸ばし、目を閉じてピヨピヨと小さく甘え鳴きをする。ぼくが顔をさげて鼻をこすりつけてやると、身をよじって、まるでネコみたいに頭をぼくの鼻に押しつけてくる。こうやって定期的にせがまれることで、ぼくはマンブルに負けず劣らず喜びを覚えるのだ。


のちに、サセックスに引っ越してから、マンブルが羽づくろいをせがむ時期と夏の換羽期に明らかな相関関係があることに気づいた。ところが、どういうわけか、記録用ノートを読み返しても、一九七九年から八一年にかけては換羽に関する明確な言及がまったく見当たらない。たまに、ふわふわの羽毛が多数と尾の硬い羽柄《うへい》も何本か、バルコニーの鳥小屋に散らばっていることはあったが、初列あるいは次列風切羽が抜けた形跡はなかった。羽の抜けた形跡にしろ、のちの換羽期間では示されたベタベタ甘えたがる気分にしろ、ぼくが見逃していたとは思えない。

文献によると、フクロウの若鳥の場合、体羽《たいう》の一部と雨覆羽《あまおおいばね》の数枚だけが換羽する。そして二年めの夏、巣立ち後に最初のねぐらを確保してはじめて、尾のすべてや風切羽の一部も生え換わる（子育てが換羽の誘因である可能性は低いようだ。たとえ独り身でいることが開始時期を遅らせたとしても、一九八二年——四年め——以降、マンブルの換羽は本格的で、必ず年一回訪れた。あとになって、飼育下のフクロウは、少なくとも二歳まではちゃんとした換羽をしないことが多いという記述を読んだ）。モリフクロウは一年に風切羽のすべてではなく、三分の一だけ失う。したがって、三年めの秋までは完全なおとなの羽にはならない。ゆえに、成鳥になっても三年めまで翼が年ごとに異なり、模様と退色のわずかな相違を見分けられる専門家もいる。

一九八一年のはじめ、ぼくはマンブルが以前ほど敏捷かつ活動的ではなくなったことに気がついた。それまで、一日の周期はネコの周期とおおむね同じだった——つまり、二〇時間近くうとうとして過ごし、一、二時間ほど体の維持活動に費やして、残りの二、三時間は警戒しつつも活発に動きまわる。ところが、怠惰な時間がますます増えたことから、体のどこかが悪いのだろうかと不安になった（ちなみに、サウスロンドンでフクロウを診察できる獣医を探す必要性には一度も迫られなかった。ありがたいことだ。最初からけっして脚を鎖でつながないことにしていたので、第三者が診察のために手を触れようとしたら、おそらくは出血をともなう、おそろしく困難な作業になったことだろう）。

このあらたな倦怠感への単純な理由に思い当たったのは、ある夜、餌を与えて寝ようとしたときのことだ。マンブルは窓台の樽にうずくまっており、キッチンの鳥かごとはかなりの距離があったが、ぼくはともあれヒヨコを取り出して口笛を吹いた。マンブルがすぐに現れなかったので、キッチンのドア口に立って、リビングをのぞいた。まだ樽の上にいる。そこで、もう一度口笛を吹いた。マンブルは飛び立ち、部屋のなかばまで来て——それから、椅子の背もたれに止まった。ぼくの想像かもしれないが、その身ぶりから、ぜいぜいと息切れしているように思えた。

たちまち、真相が明らかになった。このフクロウがドイツの撃墜王〝赤い男爵《レッド・バロン》〟よろしくさっそうと飛ばずに、情けなくも数メートル飛ぶのがやっとな理由、それは不面目なまでに太ったことだ。猛禽類が最も効率よく体を動かせるのは、最後のひと口を呑みこんで肉汁を舐め取ったあともなお、体内に満たされない部分が少しだけあるときだ。タカ匠であるなら、効率的な狩りのために毎日体重を量って最適な空腹状態を計算しなくてはならないが、ぼくはめったにマンブルをキッチンの秤に乗せようとしなかったし、乗せた場合でも、激しく体をよじるせいでおおよその数値しか読みとれなかった。

マンブルは羽の生えた美食家と化し、過度なまでに穏やかな生活を送ってきた。自然界の猛禽類の場合、肥満はついぞ問題にならない。ところが、マンブルはこのうえなく効率的な夜間戦闘機として設計されていたのに、いまや、大甘なぼくが求められるままに余分なヒヨコを与えてきたせいで、じきに、熱帯の山岳小空港で過積載のボーイング７４７が行なうような離陸滑走をせざるをえなくなるだろう。ここで、はたと思い至った。この管理体制を続けていたら、マンブルはほどなく飛ぶのをすっかりやめて、恥ずべき歩行専門のモリフクロウになりさがってしまう。マンブルに健康食品とジョギングのよさを説いて理解させる自信はないので、唯一の解決策は、きびしい食事制限になる。少なくとも今年の夏が終わるまでは、一日最大ヒヨコ二羽の生活に戻さなくてはならない。

一九八一年春のむしむしする金曜日の午後七時半ごろ、ぼくはビクトリア駅で混みあった通勤電車から降り、自宅マンションまで一〇分ほどの距離を歩きはじめた――思考をはるかかなたに向けながら、あくまで機械的に。疲れきって、不快でしかたがなかった。都会生活でよくある、シャツのカラーに汚れの輪ができるのをはっきりと感じられる日だったのだ。その夜はとくに予定がなく、ひとことで言うなら〝ゆ、い、い、い、うううつう〟な気分だった。

道のりはほぼまっすぐで、唯一の気分転換は、ロンドン通りと交わるさまざまな脇道を渡ることくらいだ。なかほどまで歩いたところでぼくの自動操縦装置がオフになり、異様な事実に気がついた。暖かい週末が始まる夜だし、サウスロンドンの端、つまり大都会のど真んなかだというのに、交通量はさして多くなく、通行人もあまりいない。脇道の一本を渡り、無意識に右を向いて車の往来を確かめたとき、交差点のすぐ横で若者の一団がぶらついているのを目にした。八人ほどいただろうか、何をするでもなく、ただ煙草を吸い、缶ビールを飲みながら、ひと塊に立って静かに話をしている。なんだか、何かが起きるのを待っているみたいだ。ぼくは歩きつづけ、さらに二〇〇メートルほど進んでべつの脇道にさしかかったとき、警察のヴァンが一台、目に入った。警察官が一〇名ほど、手ぐすねを引いて待機している。週末はいつも、自宅マンションのブロックに隣接する繁華街のパブやダンスホール兼ナイトクラブが活気づくが、今夜は何かがちがうようだ――不快なこの金曜日の夜に、この人たち全員が知っていながら自分は知らないことが何かあるのだろうか。ぼくはまっすぐ部屋にあがり、その夜は外出せずに過ごした。

わめき声とサイレンの音がときおり響くその夜、ぼくは自分の人生についてつらつらと考えた。ふだんは上空で暮らしているが、地上に降りるとそこは薄汚れたコンクリートとディーゼルの排気と混みあう歩道に囲まれた世界だ。家畜車なみの満員電車で通勤し、着いた先にはさらに多くのコンクリートと、さらに濃い排気と、さらにひどい人混みがある。なるほど、自分は世界有数の大都市のありとあらゆる魅力に囲まれて日々を送っている。だが、その日々の大半はオフィスに閉じこもって過ごすのだ。とぼとぼ家に戻っても、お決まりの殺風景な環境と悪臭と騒音からいっとき避難するにすぎず、オフィスとマンションの距離はさほどないしカラスならひとっ飛びなのに、たいていは通勤に一時間半もかかる。これがはじめてではないが、おまえはほんとうにあと三〇年間もこれを続けたいのか、とぼくは自問した。そして、週末中に結論を出した。ハックルベリー・フィンではないが、そろそろ〝自分のテリトリーへ逃げ出す〟ころだ。

マンションを売るのはとくに大変ではないだろう。住宅相場は上昇傾向にあるし、ロンドンの中心近くの立地は、ぼくほど疲れはててはいない人間にとって魅力的だ。しかし、新しい家をどこに探せばいい？生まれ育ったのは、サリー州のベッドタウン郊外に位置する住み心地のいい村だったが、両親の死後、その方面には縁者がまったくいない。いっぽう、ロンドンとサセックスのあいだの海辺の町は電車の接続がいいし、ぼくは以前から南部の丘陵地帯《サウスダウンズ》の田園風景が好きだった（あるスリラー小説の一節が、この一帯の魅力をじつに的確に表現している。嘆く乙女に色目を使う悪党を〝サセックス州を眺めるノルマン人〟にたとえているのだ）。海岸沿いの町のほとんどは〝天国の待合室〟と評されているものの、ブライトンにはいつも活気がある――いわば〝海辺のロンドン〟だ。しかも、ケント州の兄の家とハンプシャー州の姉の家の中間に位置し、それぞれ東と西へ車でわずか一時間半しかかからない。ぼくは地図を取り出し、コンパスの先端をブライトンに刺して、半径一〇マイル（およそ一六キロ）の円を描いた。それから、不動産業者を訪れた。

家探しがどういうものか、みなさんもご存じだろう。その後二カ月間、土曜の午後になるたびに、不動産業者の書類と見学の予約表で助手席を覆い、南へ車を走らせた。そして日曜の夜ごとに、引き裂いた書類で床を埋めつくし、もどかしさに身を焦がしながら家に戻った。結局、じつにありがちな話だが、ぼくが意気消沈して、サセックスには手の届く範囲で住みたいと思える家は一軒もないと確信したまさにその瞬間、ようやく見つけた。それは、法外な嘘の束の最後に掲載されていた。一九六〇年代はじめに建てられたごく標準的な三寝室の二軒長屋の家で、特別な印象はまったく受けなかった。だが、ロンドンへの帰途に一六キロばかり遠回りするだけだったので、脳内でコイン投げをしたあと、ちょっと立ち寄って見てもよかろうと判断した。

最後の数キロを走りながら、わずかながら関心が高まるのを感じた。住所から察するに、古い友人のフック一家の住まいが車で四〇分のところだ。近くの古い町は感じがよく、小高い丘の上のなかば廃墟と化したノルマンの城から、にぎやかな通りが川の橋までおりている。町そのものも、ベッドタウンよりもっと活気のある共同体らしい。というのも、クリケット場の向かいのパブを通りすぎるとき、積み荷を満載したトレイラーを追い越すはめになったからだ。目当ての小道の入口にもパブがもう一軒あり、その小道を入ると、片側は農場の生け垣でもう片側がひと続きの家だった。売りに出された家は小道のほぼ突きあたり、農場が全面を占拠する少し手前にあった。

車を駐め、さりげなくあたりを歩いてみた。なるほど、不動産業者が魅力的な立地と言わなかったわけだ。裏庭は見えないが、一〇〇メートルほど先にそちらのほうへ向かう細い道があったので、歩いてみた。踏越し段をのぼると開けた牧草地に出て、生け垣沿いに進んだ。〝ぼくの〟家の庭はほどよい大きさで、みごとな樫の木が日陰を作っている。見たところ、西の裏窓からは牧草地を越えて緑の丘の稜線まで望めるようだ。かの〝鉄の公爵〟ウェリントン将軍が、おそらくサラマンカの戦いの決定的瞬間に叫んだとおり、ぼくも歓呼した。「やったぞ――これで決まりだ！」

すぐさま内見の約束を取りつけたところ、持ち主たち――サセックス大学の科学者とその妻――は愛想がよく良心的なことが判明した。家の内部は外観どおり申し分なく、地所全体がフクロウにも居心地よさげで、しかも、なんと長細いリビングに実用の暖炉があるではないか！　請求された代価は現実的で、予算の上限ではあるがなんとかなりそうだ。マンションの買い手は難なく見つかったが、その後は例によって、取引の三方が避けがたい宙ぶらりん状態に陥り、事務弁護士やローンの仲介者に関係者全員が苦しめられて神経症の一歩手前まで追い詰められた。それでも、最終的にはすべての契約書が交わされ、金銭が受け渡された。

前の持ち主が引っ越してから自分が入居するまで日にちがあったので、最終的に業者に運んでもらう前に数回車で往復し、人目にさらすのがはばかられる道具類の大半を運び入れることができた。また、ある週末に実兄のディック、義兄のピーターと新居で落ちあい、ふたりの手を借りてマンブルの新しい家をこしらえた。庭の奥の緑多き一角に、頑丈な木材と専用の金網で、マンションのぼくの寝室よりもやや大きめの鳥小屋を建てて、外からいちばん見えにくい片隅に巣箱を据え、あらゆる方向の景色が望めるよう気前よく止まり木を設置したのだ（数年後、ぼくはさらに一メートルほど小屋を広げた）。新しい隣人たちにも会い、同居人のことを前もって話しておいた。彼らがいぶかしがらず感じのいい好奇心を示してくれたので、高圧的な〝天敵〟管理人様の領土を去るのが待ち遠しかった。

記録用ノートによれば、引っ越し車がマンションを出発したのは一九八一年八月二一日の朝で、そのあと、ぼくはマンブルを肩に乗せてがらんとした埃っぽい室内を最後にもう一度見回した。ここに一五年ほど住んでたくさんの思い出を作ったたし、高層階の大きな一面窓から望む晴れやかな景色には相変わらず強く心を揺さぶられた。だが、もう立ち去る時間だ。ぼくが移動用バスケットの蓋を開くと、マンブルはおとなしくぴょんと入った。エレベーターで下に向かいながら、ひょっとして管理人と遭遇して、この三年間ぼくがだれと暮らしていたのかこれみよがしに暴露できないかとひねくれた期待を抱いたが、遭遇はしなかった。地下の駐車場から最後の出庫をし、古い飛行場を越える広々とした道に達するころには、マンブルは運転席の背もたれでくつろいで、周囲を興味深げに見回していた。

道中、ぼくはおぼろげながら懸念していた。実際にサセックスの村の端に住んだら、現実は期待どおりにいかないのではないか。はたして自分は、心から田舎暮らしを楽しむつもりで引っ越すのだろうか、それとも、楽しむべきだと考えているだけなのか。だが、案ずるより産むが易し。段ボール箱に囲まれて過ごした最初の夜から、一瞬たりと古いマンションを恋しく思わなかったし、さまざまな状況証拠から、それはマンブルも同じだったと確信できる。ぼくの場合は、国内でも有数の美しい州にささやかな自分の土地を持ち、しかも徒歩圏内には居心地のいいパブがあるという、まさしくイギリス男性の根源的な夢をかなえられた。かたやマンブルは、思いもよらぬ生物がひしめくあらたな緑の惑星に到達したのだった。

第8章　マンブルの一年

当然ながら、ぼくたちがサセックスに引っ越して数週のあいだ、マンブルは不慣れな新しい住居に困惑したようすだった。あくまで想像だが、おそらく、あらゆる方向から襲ってくるあらたな情報爆弾に圧倒されていたのだろう。なにしろ自分の生活空間が広がったばかりか、周囲の環境も七階のバルコニーの鳥小屋とは想像を絶するほどちがうのだから。

マンブルは生まれてはじめて――ウォーターファームに何度か短期滞在したのはべつにして――地上で、生きた樹木に囲まれて過ごした。鳥小屋の奥の金網が生け垣にぴったり隣接しているので、そこに密生する蔦の巻きひげをなかに引きこんで巣箱とその付近の止まり木をなかば覆ってやった。とはいえ、その生け垣は葉がびっしり詰まっておらず、緑のレース模様越しに樹木や生け垣に縁取られた牧草地の一角が望める。べつのふたつの側面は、それぞれ数メートル以内に大きな樫の木と蔦の絡んだプラムの古木が立ち、その向こうに晩夏の庭の名残とわが家の裏手が見える。

床はもはや新聞紙を敷き詰めたコンクリートではなく、芝や野花や野草に覆われた自然の土で、陽の光と影がまだら模様をなしている。そう、マンブルはもう、都会の洞窟に住んでいるのではない。金網製の天井の上には、張り出した暗いコンクリートの板ではなく、広々とした大空がある。しかも、それは田舎の空だ――雲がふわふわ漂い、日中は鳥が飛んで、夜の暗闇を飾るのも薄汚れた赤茶色の街灯りではなくて星々の宝石だ。

それより何より、この奥行きの深いあらたな環境では絶えずちらちらと小さな動きがあり、遠近を問わずさまざまな音が耳に届いていた――昆虫からウシにいたるまで、ありとあらゆるほかの生物たちの音だ。

本物の木と放し飼いのネズミ。サセックスの新しい家。「自分の生活空間が広がったばかりか、周囲の環境も７階のバルコニーの鳥小屋とは想像を絶するほどちがう。生まれてはじめて、地上で、生きた樹木に囲まれて過ごすのだ」

マンブルにとって、これらすべてに少しずつ順応し、情報を処理して適切な反応を身につける過程は、わくわくさせられると同時に、ひょっとして最初は怖かったかもしれない（ぼく自身は、そんなことはなかったと思っている——モリフクロウは恐れを知らない生き物なのだ）。その年の九月いっぱい、マンブルは異常に活動的で心ここにあらずだった。朝にキッチンの鳥かごから出すときも、夜に屋内へ運ぶためにバスケットを外の鳥小屋へ持って出たときも、いつも機嫌が悪そうに見えた。また、餌をむさぼり食ったが、これは引っ越しの影響というより単なる季節的な要因と思われる。前年の九月にも、三週間ほど激しい空腹を覚え、夜と朝にヒヨコを要求していたのだ。いまやマンブルは餌を見ただけで熱に浮かされたようにさえずり、ある朝には、なんとキッチンの鳥かごの扉からまっすぐ飛び出して、近づくぼくの手からヒヨコを引ったくった。時節的にはまだ暖かいが、考えつく唯一の論理的な説明としては、寒さに備えて早い時期から本能的に脂肪を蓄えようとしていたのだろう。

屋内には、キッチンのほどよい一角にいままでと同じ夜用の鳥かごを据えた。窓辺ではあるが、部屋の主要部からはコーナーをひとつ曲がった場所だ。コーヒーを淹れる装置がすぐ目の前にあるので、毎朝、鳥かごの覆いがめくられたときに見慣れた動きを目にすることができる。

広々とした新しい鳥小屋に移ったからには、マンションにいたころよりもマンブルが戸外で過ごす時間を増やして、屋内ではもう自由にあちこち動きまわらせず、この大きなキッチンに活動範囲を限定しようと心に決めた。ともに過ごす夕べが恋しくなるとは思うが、間仕切り《オープンプラン》を最小限に留めた家屋には、潜りこむ（そして糞をする）ことができる隙間が多すぎるし——もっと言うなら——窓が多すぎてすべてをきちんと閉めておくことなどできそうにない。そして何よりも、新しい家を汚れた新聞紙やビニールシートでむさ苦しくしたくなかった。

キッチンは大きく、増築されたおかげで奇妙なU型をしており、マンブルが止まったり探検したりできる棚がたくさんあるし、それらの表面はきわめて楽に掃除ができる。U字型の湾曲部に位置する調理台の上にトレイパーチを据え、そこからキッチンの左右の空間と窓が見えるようにした。家の残りの部分に通じる扉はいつも閉じたままなので、お気に入りの見晴台はなくなってしまう。それを踏まえ、キッチン内のいちばん高い場所、すなわち大きな食糧棚の上に止まり木を置いてやった。天井のすぐ真下で二枚の壁に囲まれ、以前の扉の上の止まり木に感じがよく似ていて、いちばん大きな窓から庭の景色がよく見える。左右の窓沿いには幅の広い下枠があり（犠牲となる鉢植えが並べられ）、庭に面したほうの窓の下には二槽式の流し台が据えられている。また、一緒に過ごせる松材のテーブルもある。変化はだれしも好まないが、これなら、マンブルの日常の必要条件をほぼ満たせるはずだ。

ロンドンへの通勤時間が長くなって、ときどき終電に間にあわない可能性があるため、解凍前のヒヨコを一度に二日分セットできる、いわばフクロウ給餌器を設計できないかと考えた。ノートに描きつけた略図をいま見てみると、天才の発明品というよりは、単純な機能なのに滑稽なほど複雑な機構だし、工学知識がないことから餌やりの時間調節をもっぱら氷の溶ける速さに頼っていたようだ（一定の容積の氷塊が溶ける時間を計り、しかるべき内径のプラスチック製じょうごにその氷塊を入れて、ヒヨコを氷の上にじかに置くか、小さなトレイごと旋回アームに載せ、重さが釣りあう氷塊を反対の端に据える。いずれも、氷が溶ければヒヨコが落ちる算段だ――餌台にじかに落ちるか、あるいは、どう見ても複雑すぎる案では、傾斜面に落ちてどこかへ転がっていくようになっていた）。

おそらく賢明な判断と言えようが、現実には、はるかに簡単な解決策をとった。左右の新しい隣人にマンブルを紹介し、予備の鍵と解凍前のヒヨコの保管場所を教えて、餌台の上部の金網にあけた小さな餌やり用の穴を示したのだ。最初はぎょっとした表情を見せながらも、リチャードとスティーヴは緊急事態が生じればいつでもどちらか一方が手を貸すことを快く承知してくれた。そのことばどおり、ふたりがぼくとマンブルを失望させたことは一度もない――たとえ、荒れ模様の夜に、ぼくがロンドンのバーから電話をかけていることが明白な場合でさえも。ふたりがぼくのことをどう思っていたかは知らないが、いつしかマンブルのことはかなり気に入ってくれたらしい。

日記の記録によれば、一九八一年の一〇月一二日、引っ越して六週間後にようやく、マンブルは新しい環境をほぼ把握し、以前の習慣を取り戻す兆しが見えた。ここに住むようになってはじめて、朝に夜用の鳥かごをあけたとき、ヒステリックな女王様然とした態度をとらず、扉前の止まり木に跳び乗って低い声で甘え、顔を上向きにしておはよう代わりに鼻をこすりつけるよう求めたのだ。食欲も安定し、朝食は要求しなかった。ぼくがコーヒーを淹れるあいだしばらく肩で過ごしたあとは、食糧棚の上の止まり木に飛んでいくと、くつろいだようすでその下の新聞紙を細かく引き裂き、縁から一枚ずつ落としては床にひらひら落ちるさまを見つめていた。どうやら、ぼくたちは日常に戻ったようだ。

サセックスに住みはじめてからやっと、マンブルの生活の年間リズムを日々観察できるようになった。モリフクロウの自然な身体的、精神的環境になんとなく近いものを整えたからこそ、これができたのだろう。もちろん、あくまで類似環境だが、少なくとも都会の高層マンションで実現するよりははるかに近いはずだ。

その後の数年間で、季節的な気分の変動が行動にいかに影響をおよぼすか、また、一年のうち最大の身体的事象がいかに推移するかを知った。その事象とは、夏ごとの換羽だ。前述のとおり、田舎に引っ越してはじめて、まちがいようのない予測可能なパターンで換羽が生じるようになった。とはいえ、日々の変化の記録ノートを一年ごとに比較照合しても、当然ながら退屈な繰り返しと化すので、この章の残りの部分は数年間の記録を編集したものになる。まずは一年の初頭から始めよう。野生のモリフクロウが伴侶との絆を結びなおし、その年の育雛用の巣を選ぶ数週間前の時期だ。

日記からの抜粋

一月一日

この三カ月間、マンブルは九月下旬とほぼ同じ行動をとっている。今年の冬はずっと穏やかで、夜に屋内へ入りたがるそぶりはほとんど見せなかった。外で過ごさせることも多く、たまにどうしてもバスケットに入ってほしいときには、むんずと手でつかまざるをえないこともあった。

最近は、鳥小屋の天井の金網で真冬の〝コウモリ歩き〟を始めた。空中へ飛んで背面宙返りをし、両足で金網をつかんでから、〝一歩ずつ〟天井を伝うのだ。ほぼ逆さにぶらさがった状態で、翼をゆっくり広げながら。どんな意図があるのかさっぱりわからないが、この行為にはまぎれもなく挑戦的な示威が感じられる。

きょうは、穏やかでどんよりした雨模様の一日だった。ぼくは午前九時まで起床せず（なにしろ新年の休みで、イギリス諸島の成人人口のほとんどが集団的二日酔いから回復途上にある）、下におりると、マンブルがキッチン用鳥かごの片隅で静かにさえずっていた。ぼくが覆いを取ると、ふり向いて止まり木にぴょんと跳び乗り、二回ばかり高い声でやさしく鳴いたあとおとなしく待っていたが、扉があくなり直前の止まり木までいっきにジャンプした。それから顔を上に向けて鼻をこすりつけるよう求め、こっちがやめるまでいつまでも愛撫にうっとりと浸って、頭を捻ってぼくの顔にこすりつけてはそっとぼくのあごひげをつついていた。肩を叩くと跳び乗ってきて、そこからゆったりとトレイパーチに移った。以降は、飽きるまで人間の朝食の用意を静かに眺めていたが、やがて食糧棚の止まり木に飛んでいき、軽く羽づくろいを行なった。

ぼくが〝明けましておめでとう〟の電話を数本かける間《かん》、マンブルは受話器を向けるたびに、快く甲高い声で鳴いてくれた。これではっきりと目が覚めたらしく、ぼくの肩からキッチンのテーブルにおり、互いに羽づくろいをしようと誘ってきた。そしていつしか、ふたりとも軽い好奇心を抱いて庭のイヌを見つめていた。特別な日ということもあり、気まぐれにキッチンのドアをあけて一緒に二階へ来させてやった。ひどく興奮したようすだったが、階段をぐるりと飛んであがったあとは、時間のほとんどを寝室の衣装戸棚で過ごし、暗がりへの執拗な関心を示していた。

しばらくして下へ連れておりるときには、おとなしくバスケットに入った。外の鳥小屋に連れて行くと、巣箱に少しばかり入ってから、扉の前の止まり木に出てきて一〇分間ほど自分の縄張りをチェックした。午前一一時半ごろ、ぼくが窓の外をのぞいたときには巣箱にいて、その日はずっと静かにそこで過ごしたようだ。午後九時ごろには、ためらいがちなホーホーという鳴き声が数回聞こえた。そして一一時半、抵抗なくすんなりと屋内に入ってくれたので、ぼくは寝室にあがった。

一月二日

けさは愛撫はなかった。まっすぐぼくの肩に乗って、トレイパーチへ、さらに食糧棚の上へとのぼり、いくら誘おうが機嫌をとろうがあくまでそこに居座った。雨が吹きつける悪天候だったので、その場に残して買い物に出かけた。昼食時に帰宅すると、ぼくがいないあいだにトレイパーチにおりて用を足し、また食糧棚に戻った形跡があった（これが日課になってくれるとうれしいのだが……）。今回も、バスケットにすんなり入ってくれ、外の鳥小屋に連れ出したあとは、奥まった隠れ場所の止まり木にまっすぐ向かって、ずっと過ごした。

この冬はじめて、近くの牧草地にヒツジが現れたが、マンブルはまるきり関心を示さなかった。

一月五日

寝る前にキッチンの鳥かごに入れたとき、マンブルが昨夜のヒヨコの一部をひそかに新聞紙の下にしまいこんでいたことが判明した。今年になってこれをやったのは今回が最初だ。それでも、ぼくは今夜ヒヨコを一羽丸々与え、マンブルは両方ともたいらげた。

一月の第二週と三週

いまだ、二、三夜ごとに夕食をおやつ用に隠している。この行為が見られるのは、気候がかなり寒く風も強くなる時期とだいたい一致するが、はっきりした相関関係はないようだ。

もっと目を引くのは、前の冬と同じく、〝ホーホーと鳴いて顔面攻撃する〟日課が始まったこと。この行動変化は、求愛期と関係があるのだろうか。朝や夜にぼくの声を聞くとまず、夜用鳥かごまたは外の鳥小屋でさんざん隅っこに向かってウォォォと鬨の声をあげてから、姿を現す。それから、朝は夜用鳥かごの外に出したとき、夜はぼくが屋外の鳥小屋に入ったとき――そしてたまに、一羽きりで自由に過ごしているところへ、ぼくが思いがけずキッチンに入っていったとき――に、マンブルはひどく攻撃的な鳴き声をあげたかと思うと、ぼくの頭へ飛んでくる。ただし、足で攻撃するのではなく、頭頂に着地するだけだ。ぼくが手首をあげると乗ってきて、おとなしく運ばれるし、放鳥されているあいだはこの行為を一度も繰り返さない（いまのところ、〝真冬の行動の次段階〟に入る気配はない――つまり、〝口笛鳴きをしながら戦勝の踊りをする〟ことだ）。現段階ではまだ、おおむねとても愛想がよく、日曜の朝いつものように新聞を読んでいると、自分から肩に乗ってきて、立てた両膝に跳び移り、仰向けにした顔に鼻を押しつけるよう求めた。以前と変わらず、甲高い声や甘く低い声でそっとぼくに話しかけながら。

一月の第四週

朝と夜に顔を合わせると、本格的な〝ホーホー顔面攻撃〟に加えて〝口笛鳴き戦勝踊り〟を行なうようになった。まずは片隅に向かってウォォォと鳴き、それからホーホー顔面攻撃、さらに口笛鳴き戦勝踊りに移る――ぼくが手首に乗せて頭からおろすと、腕をよじ登ってひじの湾曲部を二、三度蹴りつけながら、甲高い口笛鳴きをして興奮のあまり翼を小刻みにばたつかせるのだ。そして、夜にぼくが鳥小屋へ入ると必ず、天井を長々と精力的にコウモリ歩きし、最後にじつにみごとな宙返りを行なって、狙い定めた目標にまっすぐ着地する――扉の前の止まり木や、バスケットのなかへ。角度と距離からして、この三次元の曲芸飛行はどう考えても不可能に近い。マンブルにくらべたら、若きロシア人体操選手も形無しだ。

マンブルのコウモリ歩きは、毎年冬になると行なう一般的な行動だが、〝ホーホー顔面攻撃プラス口笛鳴き戦勝踊り〟の開始時期は年によって少しずつ異なり、ひとつめの要素が必ずふたつめよりも一週間あまり早く始まった。たいていは、それぞれ一月中旬と一月後半にぼくの目に留まるが、一九八八年には一月の最終週まで眠たそうな愛らしい態度を続けたあとで、ためらいがちに断続的な〝ホーホー顔面攻撃〟を始め、ようやく〝口笛鳴き戦勝踊り〟が開始されたのは二月の第一週になってからだった（とはいえ、どの年も、ひとたびこれらの行動を始めると、だいたい五月後半までずっと続けた）。

また、毎年この時期になると、夕食の一部を夜中に食べず、朝、嘴にくわえて夜用の鳥かごから出てくる。そして、たいていはキッチンの止まり木から止まり木へと運びながら、絶えずらっぱのような鳴き声をあげ、最終的にようやく食糧棚の上で食べはじめる。ぼくはずっと、寒い冬のあいだは夜と朝にヒヨコをやっていたし、マンブルは一度もそれを拒まなかった。だが、当時は思いもよらなかったが、あとになって、夕食を取り置いたのは一日に二回餌をもらうと食事の間隔が短すぎて一羽全部を消化しきれないからだと思い当たった。マンブルが先にこの問題に気づき、思慮深くも自制して途中で食べるのをやめ、残りをしまっておいたのだ。なんて賢いのだろう。

記録によると、一九八九年は前年よりもわずかに一連の行動が遅れている。一月二八日の夜にホーホー顔面攻撃を行なったものの、朝にはやらず、口笛鳴き戦勝踊りの気配はまったくなかった。まだ朝起きてすぐ扉口で鼻をこすりつけるよう求めてはいたが、ぼくの肩か膝に乗って続きの羽づくろいを要求するのは、週末の朝、キッチンで少なくとも一時間ほど自由に過ごしたあとだけだ（その年のある朝、ぼくが新聞を読んでいるとき肩にうずくまっていたかと思うと、突然ばかでかいくしゃみをして、〝鼻〟先六〇センチあまりの新聞紙に鼻水を飛び散らせた。だが、二、三度激しく首を振ったあとは――ぼくに倣って

――『サンデー・テレグラフ』紙の五カ国対抗ラグビー・トーナメントに関する思慮深い分析におとなしく関心を戻した)。

その一九八九年の一月、マンブルは朝食を欲しがらず、月の後半になっても、夜中に餌の一部をしまいこむ行為が見られなかった。もしかしたら、暖冬が影響をおよぼしていたのかもしれない。その年はめったに霜が降りず、クロッカスばかりか、向こう見ずなラッパズイセンまでもが芽を出していた。ところが、二月のなかばに、マンブルはまた二、三夜ごとに餌の一部を残しはじめ、月の第三週にはそれが毎晩になった。ただし、ぼくが与える餌の量とこの行動はなんら関係はないようだ。マンブルが夜用鳥かごから餌を持って出るとき、何かをぼくに伝えたがっている印象を受ける。餌をくわえたまま絶えずぼくについてまわり、さらには肩にまで乗ってきて、その間《かん》ずっと、本格的な呼びかけ鳴きをしているのだ――「ホォォォ！……ホー、ホーｰホー、ホォォォ！」(口がふさがっているせいで、むしろアヒルの鳴き声に聞こえた)。おそらく、餌をどうにかしてほしかったのだろう。ひょっとして、またぼくに給餌しようとしていたのだろうか。

一九九一年は、二月の第二週までホーホー顔面攻撃を開始せず、また、中旬を過ぎてようやくぼくの腕で〝口笛鳴き戦勝踊り〟を見せはじめた。気候が要因だったのかどうかはわからない。いつになくきびしい冬で、雪が多く、二月初旬は一週間ほど氷点下の気温が続いた。マンブルは概して、寒い気候にもまるきり頓着しなかった。夜に屋内へ連れて入ろうが入るまいが意に介さず、水入れの氷が融けるとすぐに本格的な水浴びをして、ずぶ濡れの体を氷のような風にさらしても、見るからに心地よさそうだった。

日記からの抜粋
二月の第三週
　ようやく例のパターンが定着したようだ――コウモリ歩きと宙返り、夜ごとの餌の蓄え、ホーホー顔面攻撃および口笛鳴き戦勝踊り。感情が高ぶって、情緒不安定。ある夜、屋内に連れて入ると、バスケットから飛び出してまっすぐ夜用鳥かごに入ったが、ぼくがヒヨコを持って近づくとまたすぐに飛び出して、ヒヨコを投げてやるまでずっと、羽ばたきながらぼくの腰の高さで周囲をぐるぐる回っていた。

三月五日
　けさもほぼ同じ展開。昨夜の夕食をまる半分くわえて現れ、止まり木から止まり木へと飛びまわって、ヒヨコでいっぱいの口でしじゅう単調な鳴き声をあげながら、ぼくのそばから離れようとしない。いったい、ぼくにヒヨコをどうしろと言っているのか――理解不能なことばでしつこくせがまれると、自分が愚か者になった気がする。これをプレゼントとして受け取ってほしいのか。それとも、母性行動の変形なのか。一年のこの時期には、マンブルがぼくにどんな役柄を割り当てているのか解釈不能で、しかもその役柄がめまぐるしく変化する感じだ。
　ヒヨコを食べおえたあとは、ようやく興奮が収まったらしい。〝崖の縁〟で嘴を数回研いで汚れを除くと、一箇所に落ち着いた――ただし、止まり木の上ではない。食糧棚の端にぺたんと腹をつけて寝そべり、胸と肩の羽毛をぼわっと膨らませて、顔を爪の上に載せている。ところが、三〇秒もしないうちに、ぼくのほうをちらりと見やったかと思うと、またわざとらしく二度見して、それから目を大きく見開いた。そして激しく呼びかけ鳴きをしながら、足を交互にかさこそ動かしはじめ、やがてぼくの頭に飛んできた。腕を差し出しておろしても、いつもとちがってひじの湾曲部で口笛鳴き戦勝踊りはせず、必死にしがみつき、翼で獲物を隠すしぐさをしてはときおり呼びかけ鳴きをする。一瞬だけ抱きしめさせてくれたが、そのあとすぐ飛び立ってしまった——ほどなく鳥かごに戻り、片隅に向かってウォォォと単調な鬨の声を繰り返しあげはじめた。この行動は営巣期と何か関係があるにちがいない。

三月の最終週

情緒不安定な状態は継続中で、いまもまだ、ほぼ毎晩餌を取り置いている。ホーホー顔面攻撃とそれに続く口笛鳴き戦勝踊りもかなり回数が多い。外の鳥小屋で、だれかあるいは何か動くものを目にしたら、たとえふだんは眠っている晴れた日の午後でさえ、大騒ぎしてあちこち飛びはねる。

ぼくは生け垣にコマドリの巣があることに気づいた。ところが、巣の主たちが餌を探してしじゅう周囲をうろついても、マンブルは気にも留めないし、主たちのほうも気にする気配がない。

四月一一日

相変わらずにぎやかで行動も荒っぽいが、けさは今週はじめて、餌を取り置いていた形跡がなかった。夜はバスケットが開くなり矢のように鳥かごに入り、片隅に向かっていつもの鬨の声をあげはじめる。ヒヨコを投げると大慌てで取りに来て——ウォォォと鳴きながら進軍し、撤退時にはふさがった嘴でアヒルめいた金属音の鳴き声をたてていたが——餌を食べたあとは、ぼくがベッドに入ったのちもかなり長く挑発的な呼びかけ鳴きをしていた。夜用鳥かごの床に、小さな綿毛が何枚か落ちていた。まだ換羽には早すぎるが、何か問題でもあるのだろうか。とはいえ、いままでも、このにぎやかな時期に短い換羽が見られることがときどきあった。

五月七日

この一カ月、しだいに夜の餌の取り置きが減っていき、いまは三日に一度の頻度になっている。いまなお、夜昼問わず騒がしくて、ぼくと顔を合わせたときはホーホー顔面攻撃と口笛鳴き戦勝踊りをよくやる。だが、ぼくがこの大騒ぎにあくまで取りあわず鼻先をマンブルの頭にすり寄せると、戦勝踊りの途中でやめることもある。ただし、恨めしそうに、気のないようすで。

五月一〇日

この一週間は、一回しか餌の取り置きがなかった。けさ外に出したときはいつものホーホー顔面攻撃と口笛鳴き戦勝踊りが見られた。だが——一月末以来はじめて——しばし考えこんでから、キッチンテーブルの上で互いに羽づくろいをしようと誘ってきた。繰り返し自分から肩や膝に乗るか、あるいはテーブルに乗って顔の下へやって来ては、ふわふわの頭をぼくに長々とこすりつけて甘嚙みをし、ときどき新聞紙にぽんと跳び乗る。

五月二二日

けさ、ぼくがキッチンに入ったときに、いつもどおり片隅に向かってウォォォと鳴いてはいたが、鳥かごの扉を開くと、扉前の止まり木まで来ておとなしくうずくまり、目をまたたいて顔をあげ、三カ月ぶりに正式な〝おはよう〟の愛撫を求めた。夜の日課もさほど攻撃的ではなくなった。鳥小屋に行くといつものホーホー顔面攻撃と口笛鳴き戦勝踊りをしたが、時間は短く、なんだか期待に応えてしぶしぶやっている、という雰囲気だ。その後はコウモリ歩きをせずに、すぐさまバスケットに跳んで入った。

日記を見ると、こうした荒々しくて落ち着きがなく気もそぞろな状態から、見るからに愛想よく変化しはじめるのは、毎年五月の二二日から二七日にかけてのことだ。ひとたび変化が始まると、逆戻りはしない。穏やかでやさしい性格になり、朝いちばんに鼻をすり寄せることを求め、週末に何時間も一緒に過ごすときは、たびたびそばに来てさらに愛撫をせがむ。夕食を取り置くこともめったになく、どの年も六月一日以降は一度もなかった。代わりに、毎朝必ずヒヨコを丸ごと要求し、夜もたいていは欲しがる（当然ながら、数週間前からすでに粉末サプリメントをまぶすようにしている）。〝ホーホー顔面攻撃〟と〝口笛鳴き戦勝踊り〟がごくたまに戻ってくることもあるが、ますます時間が短縮されて気乗りしないようすになり、どの年も五月三一日以降は一度も目にしていない。ある年には、五月二四日にキッチンの調理台で〝抱卵〟姿勢をとっているのを目撃したものの、長続きはせず、繰り返されもしなかった。

五月下旬の一〇日間には、いつも換羽の始まりに留意していた。だが、失われる羽はごく少なく、しかも小さい正羽だけだった。生きた羽の毛包には血液が供給されており、古い羽が抜け落ちたあとは、ただちに同じ毛包から新しい羽が生えはじめる。これは〝筆毛〟、すなわち筒状の硬い鞘にぎゅっとくるまれた形で出現するが、じきに鞘が裂け、中身が育って広がる。マンブルの主翼羽が最も早く抜けたのは、ある年の五月二六日で、夜用鳥かごに次列風切羽が一枚落ちていた。べつの年には三〇日に抜けて、六月最初の週に初列風切羽がひと組とそれに対応する次列風切羽がなくなった。

文献によれば、モリフクロウはじつに賢明な換羽パターンを示す。主翼羽の生え換わりは初列および次列風切羽の内側の端から始まり、数日以内に左右それぞれの翼から同じ場所の羽が抜けて、飛ぶときのバランスの乱れが長く続かないようになっている。野生下では、その年に抜ける羽の量は餌事情に左右されるが、いずれにせよ、換羽過程は九月中に停止する。そして翌年の春に、まさしく前回停止した場所の続きからきちんと再開される。

マンブルの場合は、たいてい六月の最初の三日間に初列風切羽が抜ける——ひと晩に左右両方の翼から同時に。ときどき、一〇日から一五日まで抜けないこともあり、（一回だけだが）一九八六年のきわめて暑い初夏には、六月二五日まで見かけなかった。日記によると、たいていの年は、六月二〇日までに雪のようにどっさり羽が抜け落ちる——二四時間ごとに、翼と尾の羽が二から四枚と、体羽が五、六枚といった具合だ。

換羽がしかるべく始まったら——開始時期が早くても遅くてもきっかり同じ時期に——マンブルの性格ががらりと変わる。身体だけでなく、感情面でもべつの鳥になるのだ。明るい夏の夕べには、鳥小屋のなかでほとんど音をたてない（もしかしたら、体調のせいで自信を失っているのか？）。屋内に連れて入ると、扉を開いたままの夜用鳥かごにこもって長時間過ごし、小声でウォォォ、ウォォォと鳴いている。何よりも顕著な変化は、ぼくと一緒に過ごすとき、ただ単に物静かなだけではなく、かなり甘えん坊になることだ。ある年の六月一日に、こんな記録がある。「じつにおとなしく不安げで、じつに甘えん坊——体調がよくない子どもみたいだ。一度に五分以上はぼくのそばを離れて過ごせない。朝はまず鼻をすり寄せるようせがみ、その後ゆうに一時間以上、数分ごとに要求する。そばにいるときは、低い甘え声をしじゅう出している」

毎年、換羽期の三カ月間ずっとこの状態が続く。以前は、こうして近づいてくるのはただ単に体がかゆくて掻いてほしいからではないかとひがみっぽく疑っていたが、その疑念はとうに消えた。マンブルは自分だけで申し分なく体じゅうを掻いたりついばんだりできるのだ——しかも、ぼくの鼻よりもはるかに性能がよく鋭い道具を使って。ぼくが思うに、体調が完全とは思えない期間が長々と続くので元気の出る慰めが欲しかったのではないだろうか。この説には、鳥類が互いに羽づくろいをするとストレスホルモンが減る、という科学的な裏づけもある（とはいえ、正直に話すならば、ぼくが読んだ野生生物の研究には、野生環境でモリフクロウのつがいが相互羽づくろいをするという記述は見当たらなかった。六月はまだ、野生のモリフクロウが雛の世話を終えるには早く、常識的に考えて、巣の外を探検しはじめた雛たちにじゅうぶんな餌を与えようと狩りを行なえばひどく体力を消耗するわけで、そういう時期に親鳥たちが換羽を開始するのは不可能だ。夏の終わりにようやく雛が親の縄張りから追い出されると、親鳥夫婦はきまって数カ月別居し、換羽のあいだ〝互いに支えあう〟ことはない）。

おそらく、新しい羽を生やすためにに体力を維持する必要があるからこそ、次のようなできごとも起きたのだろう。ある年の六月三日の夕刻、マンブルが日中に外の鳥小屋で小さなネズミを一匹捕まえていたのを発見し、六月六日、〝狩りの記録帳〟にあらたな記述が加わった。さらに六月七日の夕方、マンブルが頭のないスズメの死骸をくわえて鳥小屋をうろついていた。そのスズメは全身が羽毛に覆われたままで、おそらく餌やり用の穴をくぐって飛びこんできたものと思われる（何が待ち受けているのかも知らずに……と思うと、少しばかり背筋が寒くなる)。六月一〇日——雨覆羽《あまおおいばね》がひと組抜けたことが判明したあとのことだが——マンブルは朝食のヒヨコを猛烈に欲しがり、相変わらずことあるごとに過度な愛情を示した。記録にはこうある。「まさかとは思うが、水曜日のスズメをいままでずっと巣箱に隠しておいたのか——目下の旺盛な食欲を考えるとありえない——お茶うけにもう一羽あらたに捕まえたのか。ともあれ、午後六時ごろ、口がふさがっていることを示す例のくぐもったアヒル声を耳にして外に出てみると、マンブルが嘴にスズメをくわえていつもの凱旋を行なっていた」(マンブルの狩りについては、次章で詳しく述べる)。

日記からの抜粋
六月一七日
この一週間に、次列風切羽がもうひと組抜けた。相変わらず甘えん坊で愛情深く、ことのほかかわいらしい。また、ふだんより少しばかりエネルギッシュで冒険心が強い。けさはキッチンテーブルの下に押しこんである椅子の脚で遊び、一本の脚からもう一本へとすばやく水平に跳び移っていた——半分も翼を広げられる空間はないのに。これに飽きるとふたたび高く舞いあがり、ぼくが膝に載せて読んでいた新聞にいきなり着地して、鼻をすり寄せるようせがんだ。それが終わったあとは、しばらく静かにうずくまっていた——かと思うと、助走なしにどすんと新聞紙の真んなかに乗り、ぎょっとするほど激しい攻撃を開始した。翼をなかば広げ、脚を伸ばしてダンスを踊り、片足でバシンと蹴りつける。ぼくがやめてくれと訴えると、食糧棚の上へ飛んでいき戦いのまねごとを続行した。まさにいま、マンブルの爪が鋼鉄のフックよろしく戸棚のベニヤ板の縁をバリバリ裂いている。

六月二八日

換羽が速度を増して激化し、マンブルは夜のヒヨコに加えて、毎朝かなりの量の朝食をせがむ。このふた晩は屋外に出したままにしておいたが、けさ鳥小屋に入ってみると、見るからにそろいの羽――鏡に映したみたいに左右対称になっている――が二枚、三〇センチほど離れて落ちていた。〝左右対称性換羽〟であることに、疑いの余地はない。いつも以上に水浴びをしているが、このところひどく暑いので、はたして換羽が要因なのか、単に良識のなせるわざなのかはわからない。

七月七日

この一週間は毎日、初列と次列の風切羽がひと組かふた組、腹部の小さな羽毛がどっさり抜けている。昨夜、最後の尾羽がなくなった――尻の部分には、大きな円錐状のふわふわした白い綿毛しか残されていない。後部の空気ブレーキがないいま、着地が見るからにぎこちなくなり、飛びかたを学びはじめたころを思い出させる。一緒にいるときは、しじゅう不安げにすり寄ってきて、愛情のこもった羽づくろいを要求する。

七月一一日

尻のふわふわした綿毛のあいだから、薄膜で覆われた羽が三、四枚伸びてきて、薄茶色の中央の縞が現れだした。マンブルはそれをひどく気にしており、ぼくがそっと触ると早口で抗議して体を動かす［のちに判明したことだが、鳥の新しい筆毛はひどく敏感なのだ］。いまもまだ水浴び回数はふだんより多く、この三日で二回行なって——一回は鳥小屋の皿、もう一回はキッチンの洗い桶で——いずれも、そのあと小さな羽毛が何枚か水面に浮かんでいた。水浴び後の空中移動は、とうてい飛行とは呼びがたい。相当な労力を費やして、強風に煽られる濡れた旗みたいな音をたてながら止まり木から止まり木へとよろよろ移り、着地時の姿ときたら、放り投げた濡れタオルもかくやというぶざまなありさまだ。

七月一四～一六日

左の翼の主たる初列風切羽が抜けた——左側で最も長い羽だ。右側の同じ羽はまだくっついている。尻には大きな円錐状のまっさらな綿毛が生え、その上部に、九枚ほどあらたな尾羽とおぼしきものが鋤状に顔を出しているのが確認できる。先端は薄膜がなくなり、中央を走る茶色い筋がいっそうはっきりしてきたが、ちゃんとした羽柄《うへい》に発達する気配はまだない。

七月二二日

けさ、夜用鳥かごに、中くらいの体羽が五、六枚と、ごく小さい顔の羽毛が一〇枚あまり、そしてほぼ茶さじ一杯分の〝羽柄塵〟が散らばっていた。毎日、ひと組かふた組の初列および／または次列風切羽と、大量の細かい羽毛が抜けている。かなり空腹そうだが、猛烈な飢餓感を覚えるほどではないらしい。相変わらず、二回に一回はヒヨコに粉末サプリメントをまぶしてやっている。マンブルはいまなお甘えん坊で愛情を強く求め、ことあるごとにぼくに跳び乗って、低いささやき声と穏やかな高い声で話しかけてくる。

七月二七日

円錐状の綿毛の上に、しかるべく発達した尾羽が、みごとな左右対称の扇形にまた生えてきた。まだ少し短いが、ここまで装備が整えばじゅうぶん飛べる。

七月のあいだずっと、ぼくがもっぱら後部の過程を観察しているあいだも、ほかの羽毛の生え換わりは着実に続いていた。マンブルはしきりに体を掻き、外観がなんともみすぼらしくなっている。自然に落ちるかマンブルが引き抜くかするまでは、抜けかけた羽が体や翼の表面から奇妙な角度でつんつん飛び出したままなのだ。いまなお、ふだんより少しばかり水浴びの回数が多く、相変わらずべたべたと執拗に甘えてくる。

八月八日

この二週間ほど、マンブルはひどく腹を空かせている――毎朝、朝食を求めて鳴き叫び、たいていはぼくのほうが折れて与えた。結局のところ、当の鳥がいちばんよく知っているのだ。新しい羽はいまや標準の大きさになり、どこから見ても完璧だ。いまもたまに大きな翼の羽が落ちているし、背中の羽毛も抜けつづけている。頭はつんつん羽が飛び出してむさ苦しく、どうやら現在はここが換羽のおもな活動舞台のようだ。なんとなく、顔盤の上端から肩羽の上部にかけて軍隊式の〝角刈り〟をしたみたいに見える。おかげで好戦的な印象を受け、総体的にふわふわした丸っこい外観とは不気味なほどそぐわない。

八月一七日

このところ三〇度を超す猛暑が続いていた。ようやく涼しくなってきたとはいえ、まだ日中は二〇度を超える。にもかかわらず、けさマンブルを外の鳥小屋へ連れ出したとき、霞がかった空気に秋の最初の気配を感じた（ぼくみたいな喫煙者ですら、まぎれもなく感じられるのだからすごいことだ）。いまなお、部分的に換羽が続いているが、主翼羽はほぼ完了したようだ。マンブルの空腹感も落ち着き、めったに朝食に関心を示さなくなったので、朝のヒヨコは省略している。きょうは——一カ月間ずっと、朝は鳥かごの扉の前で鼻をすり寄せるよう求めてきたのに——ぼくがキッチンに入る気配を耳にするなり片隅に向かって鬨の声をあげはじめ、ぼくが扉を開いてもすぐには出てこなかった。相変わらず愛情豊かだが、ぼくのところへ来るまでに少し時間がかかった。

八月二二日

頭の羽も完全に生え換わり、ここ二日間の換羽のおもな活動舞台は文句なしに体の前の部分になった。夜用鳥かごにはふわふわの胸の羽毛が吹雪さながら舞い、外の鳥小屋で水浴びをするか雨を浴びるかしたあとは、金網に羽がくっついて、チベットの祈りの旗かモンゴルの軍旗よろしくはためいている。気分のかすかな変化もいまや明らかで、相変わらず相互の羽づくろいを受け入れてはいるが、もはや自分からせがむことはない。

九月七日

毎日体じゅうを掻くほかは、換羽は終了したようだ。マンブルはいまも愛想はいいが、べたべたと甘えなくなった。ぼくはこれから二週間の休暇に入る。旅行から帰宅するころには、すっかり秋の自立心旺盛な鳥に変わっているだろう。

九月二〇日

スイスとフランスで一〇日間過ごして戻ってきた［旧友ジェリーのおかげで、十五世紀の大砲の複製を撃ったり、巨大なキャンプファイヤーを同好の士とぐるり囲んで、大勢で飲めや歌えの大騒ぎをしたりできた］。留守中は、三、四日ごとに配給が鳥小屋に届けられるよう手配しておいた。マンブルはいまや全身をみごとな羽に覆われ、じつに美しい。あっさりした好意は示すが、体に触れられたがってはいない。朝の挨拶もおざなりで、飛び去って自分ひとりで過ごすのを好み、低い声で何やらぶつぶつとつぶやいている。

昨夜は、野生のフクロウと長らく鳴き交わしていた――二〇〇メートルほど離れた林からの〝ホォォォ！……ホー、ホーｰホー、ホォォォ！〟に対して、典型的な〝キウィック〟で応じていたのだ。

九月二七日

この数日、マンブルはやや神経質で活動的だった。毎朝、ぼくが階下におりる音を耳にすると、夜用鳥かごの片隅に向かって鬨の声をあげ、肩に跳び乗ってきても長居はしない。たいていの日は、親密な接触を望むそぶりを見せず、週末の朝、キッチンでゆうに一時間は自由に過ごしたあとでおもむろにやって来て、ほんの少しばかり愛撫を求める。食欲はまた旺盛になってきたようで、夜も朝も、一回めの〝取りにおいで〟の口笛ですばやく定位置に飛んでくる。

ノートの記録によれば、ある秋には、いったん独立心が芽生えたあとで、さしたる理由もなく後退してしまった。一九九〇年の九月下旬から一〇月中旬にかけて、穏やかでおとなしく、ためらいがちな態度にふたたび戻ったのだ。朝いちばんに（適度な）愛情表現を受け入れ、朝も夜もぼくが肩を叩くと飛んできて、しばらく相互羽づくろいを行なってから飛び去る。周囲にゆだんなく注意を払い、屋内に連れて入るとバスケットから夜用鳥かごへまっすぐ入り、食欲は減っている。朝食のヒヨコはけっしてねだらないが、いっぽうで夜の食事を取り置くこともなかった。

秋になると、夜に屋内へ入りたがらないことも多く、その場合は鳥小屋で餌をやって放置した。ある一〇月第三週の肌寒い雨模様の夜、一一時半ごろ、どしゃ降りの切れ間にマンブルを迎えに出た。奥の止まり木でぐっしょり濡れて身震いするさまを見て、さぞかしバスケットに入りたくてたまらないだろう、とぼくは考えた。ところが、マンブルはまるきり興味なさげにぼくを見やり、それからぴょんと下へおりたかと思うと、すぐさま水の皿に跳びこんだ。さんざん顔を浸けて翼を羽ばたいたあと、皿の縁によじ登って少しばかり身震いし、またもや、ばしゃんと勢いよく水中に戻った。こんなふうに完全に自立した態度をとられると、なんとなくがっくりくる。相手にされなかったぼくは、しおしおとヒヨコを食事用の棚に置き、マンブルの縄張りから出た。

一一月には、きまって冬の日課が始まる。〝紋切り型のイギリス人〟と表現するのがぴったりな状態だ――とことん礼儀正しいがかなり自制的で、たまにしか愛情を示さない。毎朝、覆いがはずされると、夜用鳥かごの下隅に向かって低い関の声をあげる。それからためらいがちに扉の前へ来て、しばし挨拶を楽しむものの、あとは奥の止まり木に戻るか、ぼくの肩に跳び移ってからまっすぐ食糧棚の上部へ飛んでいく。たいていは、ぼくが許すかぎりそこに留まるが、週末にはときどき、一時間ほど経ってぼくの肩からキッチンテーブルにおりてきて、おずおずと抱擁をうながす。

鳥小屋へ移るためにバスケットに入るころには、かなり静かになっている。冬の日中は、天井と二枚の蔦の壁に囲まれた薄暗い止まり木で、身動きひとつしない羽毛の球と化して過ごす。夕方、しばらくぼくの肩に乗るが、そのあとはたいてい、なだめすかすか、ときにはつかんでバスケットに入れるかしないといけない。総じて感情表現は控えめながら、あくまで愛想はよい。コウモリ歩きもなければ、〝ホーホー顔面攻撃〟も〝口笛鳴き戦勝踊り〟もない。冬のあいだはおおむね、ぼくたちはめいめい自分の生活を穏やかに送る。

新しい環境に移ったら、ぼくたちの関係は物理的のみならず、心理的にも距離ができることが予想された。なにしろ、マンブルとぼくはもはやほぼ毎晩すぐ近くで過ごすわけではないのだから。

マンションで一緒に暮らしはじめて一、二年ほど、互いにわくわくする発見をしたのちは、ぼくたちの関係は満ち足りた日常と化していたが、それでも大半の夜を一緒に過ごすあいだ、マンブルのおもな関心事はぼくだったし、逆もまた然りだった。ところが、サセックスでは週末の朝をのぞけば、ぼくたちが縄張りを共有することはなく、マンブルには戸外に自分だけの縄張りと、さまざまなできごとに彩られた精神生活が存在した。いままでよりはるかに変化に富んだ周辺環境や、その環境が絶えずもたらす刺激に、マンブルが気をとられるようになったのも当然だ。ぼくとしては、その大きな代償として、このあらたな環境とわくわくする刺激にマンブルがいかに順応するか観察する機会を得られた。

第9章　本物の樹木と放し飼いのネズミ

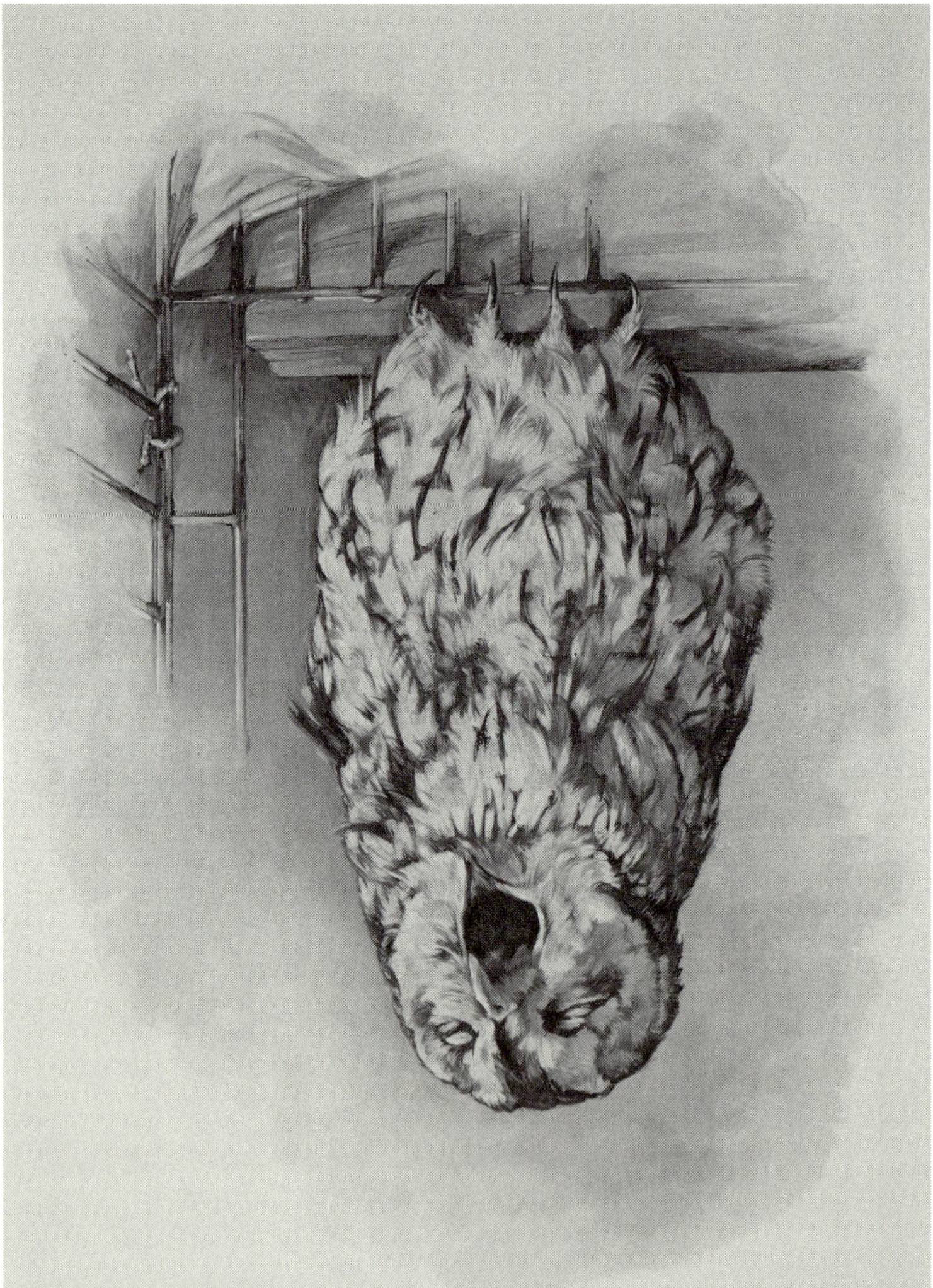

引っ越した最初の年、つまり一九八一年の秋から初冬にかけて、マンブルもぼくも慣れるべきことがたくさんあった。ぼくのほうは、自宅周辺の集落や町の中心街と両者のあいだの田園地帯をうろついて、新しい日常生活に必要な店や施設の場所を確認する（何よりも、信頼できるヒヨコの供給者を探す）必要があった。マンブルのほうは、まわりの庭や雑木林や生け垣に慣れる必要があったが、それらの場所では、ベリー類や種子や木の実を可能なうちに収穫しようと大わらわな鳥たちが騒々しく行き交い、しかもヨーロッパ北部からの渡り鳥で個体数が膨れあがっていた。季節が進むにつれ、端整な雄キジがときおり庭に入りこんで家主よろしく気取って歩き、かすれた呼び鳴きをするようになった。マンブルはそれにも目をつぶることを学ばなくてはならなかった（近くに大きな民間の猟場があり、塀に囲まれた小高い森では、狩猟用の鳥がたくさん育てられていた）。

こうしたさまざまな活動は、マンブル以外の生物の目も惹きつけていた。ノスリについては、南部丘陵地帯《サウスダウンズ》の上空を舞うという話を聞いたことも実物を見たこともないが、ある朝、近くの牧草地の生け垣沿いでヒステリックなコーラスが聞こえたかと思うと、大きな青灰色のハイタカが舞い散る木の葉の真んなかに弾丸さながら突っこんでいた。また、ある夜、マンブルを迎え入れるため庭におりたところ、一〇〇メートルほど離れた牧草地でキツネがウサギを捕まえている気配が聞こえ、ぼくは鳥小屋の建造に手を抜かなかったことを喜んだ（とはいえ、どんなキツネであれ、モリフクロウの成鳥の縄張りにのこのこ入りこんで幸運を試すほど愚かでも命知らずでもないと思いたい）。

都会では、初霜は単に舗道が滑りやすくなる意味しかないが、いまでは、毎朝ロンドンへの通勤時に、灌木を覆う銀色の霜が平らな陽光を受けてきらめくなかを走りだすことになり、なだらかな丘を縫って町へ向かう間《かん》、空気はよく冷えたシャンパンの味がして、これまで長年肺に吸い入れていたものにくらべると雲泥の差があった。通勤に一時間ほど余分にかかって疲れたが、土曜日の朝にカーテンを開くと、余りある代償にたちまち心を奪われた。

野生のフクロウは、わが家のわずか数メートル四方の庭よりもはるかに広い縄張りを支配している。彼らにとって、冬は有利な側面と不利な側面がある。身を切るような寒さのなかでは、体力を保つためにきちんと定期的に餌を食べなくてはならない。齧歯動物の餌が少なくなるのは有利な側面だ。餌探しに夢中なネズミたちは注意を怠りがちだし、色褪せて薄くなった草むらは、走りまわる姿をさほど覆い隠してくれない。そのいっぽうで、もし雪が降って積もれば、ハタネズミは地中の穴に隠れてしまう。フクロウの聴力は鋭敏で、雪の下に深く潜った齧歯動物でも驚くほどうまく捕捉できるとはいえ、こうした気候においては、フクロウの縄張り内に住む小鳥たちは賢明にも夜のねぐらを念入りに選び、できるだけ目につかないようにするものだ。

日記からの抜粋
一九八一年一二月二〇日
この二日間、夜も昼も雪が断続的に激しく降っている。鳥小屋の奥の止まり木付近は上部を覆ってあるが、金網張りの天井から雪が舞い降りて食事用の棚に深さ十数センチほどの吹きだまりができ、皿の水が硬く凍りついてしまった。こうした冬の環境にも慣れる必要があるので、ぼくは毎朝いつもどおりマンブルを連れ出している。雪や氷ははじめての現象だが、感銘を受けたようすはない。まずは皿の氷の上に立とうとし、それから二、三度つついてみて、げんなりした顔であきらめた。次に、棚に積もった雪の上をぱたぱた歩きまわり、ひと口食べてみた。これは明らかな過ちで、マンブルは激しく首を振って吐き出した――うげえ！　それでも、日中はごくふつうに過ごし、奥の止まり木で天然の羽毛布団にぬくぬくとくるまって、さして寒そうには見えない（結局のところ、そういうふうに体が作られているのだ）。健全な食欲を示すが、飢えてはいない。夜は早めに屋内へ連れて入っている。昨夜、喉が渇いたときのためにキッチンの蛇口から水をぽたぽた滴らせておいたが、どうやら、あとで念入りに洗おうと流しで水を張っておいたソースパンから飲んだらしい。

一九八二年一月九日

土曜日の午後。ぼくが書斎（裏庭を見おろす部屋）で仕事をしていると、聞き慣れないさまざまな騒音が聞こえてきた。猟犬の吠え声や、馬のひづめのコツコツという音もする。窓の外に身を乗り出したところ、すぐ近くの生け垣の向こうにまっ赤な閃光が見えた。外に出たときにちょうど、地元の狩りの一行が庭向こうの牧草地を横切り、鳥小屋にほど近い生け垣の隙間から興奮したにぎやかなフォックスハウンドの群れがどっと飛び出してきた。とくに何かを追っているふうではなかったが、一連の騒音はかなり刺激的だ。

マンブルは可能なかぎりこの動きから遠い止まり木に移った。以前、鳥類は実際の音よりも地面から伝わる振動に動揺する、という話を読んだ。ひょっとして、激しいひづめの音が、止まり木を支えるために地面に埋めてある木の枝を伝わってきたのだろうか。そこへ、乗り手のいない馬がおもむろにやって来て生け垣から頭を突き出し、マンブルはハトを目撃したときの態勢をとった——全身を細く高く伸ばし、警戒心をむき出しにしたのだ。やがて馬のうしろから、泥で服を黒白まだらにした恰幅のよい紳士が現れ、しばらく馬をなだめてから連れ去った。このころには、猟犬たちは牧草地のあちこちに無意味な円を描きつつ楽しげに走っていた。マンブルがいつもの止まり木に戻ったのは、この騒々しい野外劇が遠くへ去ったあとだ。そして、猟犬たちの吠え声がそよ風に運ばれてくる穏やかな歌に変わってようやく、やれやれといった表情で腰を落ち着けた。

一月一二日

星が輝く寒い夜。マンブルを迎えに出たとき、鳥小屋に入るまでその姿が見えなかった。奥の止まり木の片端で、見るからに体をこわばらせて集中していたせいだ。やがてぼくにも、生け垣の下の草むらからごくかすかなカサカサという音が聞こえた。名前を呼んでも、口笛を吹いても、なでても、しまいには胸の羽毛をふっと吹きあげても（ふだんなら、これをやると必ず怒る）、わずかな反応も見られない。ちょうど反対のほうを向いていたので、寒さと苛立ちに負けて、ぼくは背後から腕を両足に当てて強引に乗せ、バスケットのなかに入れた。キッチンに入ると、マンブルは夜用鳥かごの上に飛んでいき、横にある窓の外をにらみつけた。身動きひとつせず、まちがいなく〝警戒態勢〟にある。それでも最後には、差し出されたヒヨコに気を取られて、食事候補の存在は忘れ、現実の食事を楽しんだ。

一月一六日

ぼくたちはキッチンでいつもの土曜の朝の日課をのんびりと楽しんだ。ぼくが朝食をこしらえるあいだ、マンブルは扉を開いた夜用鳥かごのなかで自分の朝食をとっていた。やがて扉前の止まり木にどさりと乗る音がしたのでそばに行くと、愛情深く挨拶してくれた。ひょっとしたら、少しばかり愛情が深すぎだったかもしれない。というのも、まだ嘴から食べかすをこすり取っていなかったのだ。それから肩に跳び乗って、ぼくが二杯めのコーヒーを飲んでいたテーブルへ一緒に戻った。マンションにいたころと同じく、このひとときがもっぱら一緒に過ごす時間で、ぼくたちは楽しく相互羽づくろいを行なった。

マンブルがトレイパーチで用を足してしばらく安心できそうなので、シャワーを浴びるとき二階に連れてあがることにした。マンブルは途中で飛び立ち、小さな弧を描いて階段の空間を高く舞うと、のぼりきった先の床でぼくを出迎えた。バスルームの扉をあけたままにしておいたが、どうやら、階段をあがってすぐの壁と寝室に据えてある本棚で遊ぶほうがはるかに楽しかったらしい。連れてあがったことでぼくが支払った唯一の代償は、不注意にも転がしておいたシステム手帳《ファイロファックス》をずたずたにされたことだ（これは、ぼくの都会生活と田園生活の希求するものが相容れないことを強烈に象徴する災難だった）。

穴があればどこでも頭から入りこもうとする奇妙な衝動は、ぼくには理解できない。どうやら、狭ければ狭いほどいいらしい。奥行きのない棚の上（わずか一二、三センチほどの隙間）に、ぺたんと胸をくっつける形で体を押しこんでいたし、べつの棚ではなんと、並んだ本の裏側を這い進んでいた。楽しそうに声を震わせて鳴きながら。

一九八二年の春には、マンブルはすっかり田舎の生活になじんだようすだった。何か新しいものをはじめて目にするたびに、日常の平穏が乱されたが、じきにそれにも慣れ、あっさりと頭の片隅へ追いやるようになった。例外は、農場の機械が近づいてきたときの音（または、振動？）だ。隣の牧草地が掘り起こされるのもそうだが、とくに、剪定用具をつけたトラクターがけたたましい騒音をたてながら垣根沿いに進んでいくのをきらった。

環境学習の大部分は、日中、ぼくが仕事で出かけているあいだに行なっていたはずだが、それでもときおり、例の警戒心に満ちた〝ロメインレタス〟の態勢を見かけることがあった。最初は、鳥小屋の数メートル向こうで生け垣からホルスタインがぬっと頭を出したときで、マンブルは仰天してさっと体をこわばらせ、硬く細くなって通常の一・五倍に背丈が伸びた。顔は羽毛に覆われた〝細面〟で、目も中国人みたいに細い。また、ある五月の夜に迎えに出ると、庭で恐ろしいあえぎ声とうなり声が聞こえ、マンブルがいちばん手前の止まり木でじっと注意を傾けていた。田園育ちのぼくは子ども時代にこの音を聞いた記憶があるが、マンブルにはあるはずがない。かわいそうに、ラズベリーの茂みの下で二匹のハリネズミが交尾に励む光景にすっかり怯え、立ちすくんでいた。

求愛期には、サウスロンドンにいたころよりも紳士の訪問が増えるのではないかと予想された。この付近のほうが生息数が多いのだし、マンブルのほうも以前より目につきやすい場所にいる。ところが、そうした誘惑の頻度はほぼ同じだったようだ――そしてまた、マンブルの反応も。二月から三月にかけては、おおむね好戦的な気分で、絶えず侵入者に目を配り、〝戦闘時の表情〟をしている。おそらく、自分の縄張りと認識している範囲は、都会のバルコニーにいたころよりも、このサセックスの田舎のほうがはるかに広いはずだ。視界も広がってはいるものの、拡大した〝心的な縄張り〟を実際に飛んで物理的に守ることができないので、鳴き声と身ぶりでその埋め合わせをしなくてはならない。

冬の夜、ぼくはたくさんの呼びかけ鳴きと応答鳴きを耳にしたが、マンションにいたころみたいにすぐ近くで雄のモリフクロウを見かけたことは一度もない（とはいえ、もしかしたら、単に見逃していただけかもしれない――当然ながら、マンブルが庭の奥の鳥小屋にいるときには、ぼくとの距離がかなり隔たっているのだから）。それでも、ちょっとした驚くべき逸話をここに記しておく。

ある夜、迎えに出ると、マンブルはじつに穏やかで愛想がよかったが、ふいにさっと顔をあげ、天井越しにまっすぐ上を見つめた。それから、外にいちばん近い止まり木に跳んであがり、このひたむきな監視を続行した。首をねじったり頭を上下させたりして、なんであれ見えるか聞こえるかしたものを脳内コンピューターで追跡している。どうやら、ぼくには正体のわからない何かが、上空の暗闇をぐるぐる旋回しているらしい。ぼくは抗議の〝ホーホー〟か、いつもの〝キウィック〟が発せられるのを待ったが、意外にも、マンブルは黙ったままだった。すると、上空の暗闇から、不気味な金切り声がした――侵入者はメンフクロウだったのだ、モリフクロウではなく。マンブルはなおも沈黙していたが、頭はなめらかに、その侵入者が飛び去るさまを追っていた。その後、長々となだめたあとでようやく、マンブルをバスケットに入れて屋内へ運びこむことができた。

日記からの抜粋

一九八二年七月三日

何にマンブルが興奮し、何に動じないでいるのか、ぼくにはまったく予想がつかない。日曜日の午後、庭で読書していると、バスター［隣家のネコ］が牧草地との境界である垣根に向かって裏庭の芝生を歩いてきた。マンブルが奥の人目につかない場所から手前の止まり木に出て、バスターにひたと視線を注いだ。ネコとフクロウは互いに、西部劇に登場するふたりの無法者よろしく長々と見つめあったが、マンブルは興奮したようすは見せなかった。あくまで穏やかな気分のまま、神経を集中させて警戒している。「あたしたちは互いに、やりあわないほうが賢明だとわかってる。だから、そのまま去ってちょうだい、バスター、そして、ふたりとも自分のやるべきことをやりましょう……」

ところが、先日の午後のこと、ぼくが摘んだばかりのスイートピーの花束を抱えて鳥小屋のそばを通ったとき、マンブルが居眠りからぱっと目覚めて、明らかに怒りのしぐさを示した。その後も、同じことが何度かあった――いつもきまって、スイートピーを持っているときに。何が悪いのだろう……

さほど頻繁ではなくたまにだが、薄暗い片隅で蔦に隠されているにもかかわらず、日中、マンブルを見かけた小鳥たちに疑攻撃《モビング》をされることがあった。二階のデスクにいると、たいていはまず一羽のクロウタドリが警戒鳴きを繰り返し、ぼくが窓辺に行って庭を見おろすころには、もっと小ぶりな鳥たち――スズメ、アトリ、シジュウカラなど――がたくさん、勇気の許すかぎり鳥小屋の近くに集まっている。枝から枝へと気ぜわしく動きまわり、翼を羽ばたいて尾を上下させながら、不協和音の警戒鳴きをして、餌にされそうなほかの鳥たちにマンブルの存在を知らせるのだ。こうした騒々しい非難が、一度につき数分は続くが、マンブルのほうは完璧に無視している。まばたきくらいはするものの、止まり木で足踏みさえしないし、当然ながら、威圧的な態度で隠れ場所から姿を現すこともない。どうやら、フクロウとこれらいじめっ子たちのあいだに金網がない野生下でも、こうした状況はあたりまえのことらしい。小鳥たちに大騒ぎされてもただうるさいだけなのだろうが、それでも、マンブルの忍耐力には感銘を受けた――ぼくのほうがよほど、この単調な集団ヒステリーにいらいらさせられたのだ。

はじめてマンブルが（カブトムシは数に入れずに）実際に狩ったのがミミズだったことに、ぼくはなんとなく失望を覚えた。たしかに、じめじめした天候に誘われて地表にのぼってきたミミズをモリフクロウがしばしば狩ることは本で読んでいたが、一九八二年五月の悪天候の日にマンブルがミミズを食べている場面に遭遇したとき、おめでとうと言ったものの、とうてい大々的に祝う気になれなかった。とはいえ、現実として期待できる獲物はせいぜいこのくらいだろう。地表に出てきたミミズは捕まえやすいし、若鳥のころよく遊んだ靴ひもに似ていなくもない。さらに言うなら、四本足で走りまわる茶色の毛深い動物について、マンブルはなんら教育を施されていない。たとえ鳥小屋のなかをちょろちょろしていても、短い機会を逃さず捕まえるどころか、夕飯として認識できるかどうかすら怪しい（ちなみに、ミミズ好きの読者のためにお知らせするが、すばやく呑みこまれるあいだ、この不運な生き物はずっと無感覚で、迫りくる死に際して見せる反応も同じ長さのスパゲッティーとほぼ変わらない）。

ところが、一カ月も経たないうちに、マンブルは指導者の助けがなくとも狩りを独学できること、じつに多くの齧歯動物が不注意にも鳥小屋をひっきりなしに近道していることを証明してみせた。天候のいい夜は、マンブルが屋内に入りたがらないそぶりを見せるとよく外に残しておいたので、もしかしたら、この種の致死的な遭遇が日没後にたびたび起きており、翌朝ぼくが会いに行くころには現場に何ひとつ痕跡が残されていなかっただけかもしれない。それが事実かどうかはともあれ（事実の可能性は大のようだが）、ぼくが気づいた狩りの大半は日中、それもたいていは春から初夏にかけて行なわれた。このパターンは一九八二年以降毎年繰り返されており、以下の記述はマンブルの〝狩りの記録帳〟から抜粋編集したものだ。

一九八二年三月中旬

はじめて仕留めた獲物か？　昨夜遅く、迎えに行くために家の裏口を開いたとたん、マンブルがくぐもった金属的な鬨の声をあげているのが聞こえた。トランペットに靴下をかぶせて音を殺したうえで吹いたような声だ。果たせるかな、マンブルは嘴いっぱいにくわえていた──自分で捕まえたネズミの、およそ七五パーセントを。ひどく誇らしげで意気揚々としているが、次にどうすればいいのか決めかねているようすだ。なにしろ、ほんとうにこれが最初の獲物なら、一度も〝講義を受けた〟ことがないのだから。マンブルはそれをくわえたままバスケットに入り、キッチン内をしばらくあちこち持ち歩いた。夜用のかごをあけてやると、やはりくわえたまま入り、あとからじつに満足げに平らげた──夕食のヒヨコに加えて。

四月中旬

夕方、帰宅したところ、マンブルはもう一匹、ハツカネズミかハタネズミを捕まえていた。頭のない死骸を嘴にはさんであちこち引きずり、ぼくの姿を目にすると、偉大な凱旋者よろしく雄叫びをあげはじめた。

五月七日

もう一匹、ノネズミを捕まえた。きょうの午前中に仕留めたにちがいない。というのも、朝食時に外に出して、正午ごろまた行ったときに気づいたのだから。獲物に傷跡はほとんどなく、首の骨が折れて、胸の片側に外科手術ばりの切開傷がぱっくりとあいているだけだ。マンブルは自慢げに鳴きながら鳥小屋内を全速力で飛びまわり、派手な音をたてて着地すると、死骸を振りまわした。それから、ようやく巣のなかにしまった。その日はふだんよりも起きて過ごす時間が長く、目を細めて止まり木にうずくまり、近くの緑の木々をじっと見つめていた。ぼくの心の目に、吹き出しマークが見えた。「このあたしは、眼光鋭き狩人よ——人生に疲れてないんだったら、あたしの縄張りに近づかないことね！」夕方、マンブルはまた自分のネズミを取り出してみせ、名誉の凱旋をもう一度繰り返してから、ようやく棚に持っていって食べた。

六月中旬

ある夜、迎えに出ると、見るからに興奮していたが、理由はわからなかった。マンブルはぴょんぴょん跳んでまわり、甲高い声をあげて、鳥小屋のすぐ外の何かを〝指し示して〟いた。長い草むらのそのあたりをかき分けてようやく、金網のいちばん下に意識を失った小さなコウモリを見つけた。ぼくは胸を痛めた。アブラコウモリは愉快な生き物だし、片方の翼が絶望的に傷ついている。マンブルはどうやら、ぼくが内なる〝暴君《ネロ》〟を見出すことを望んでいたようだ。だが、ショックを受けたぼくはマンブルを叱り、それから——たじろぎつつも——この小さな生物を安楽死させてやった。

どうしてぼくは、齧歯動物については同じように感傷的になれなかったのだろう？ 彼らはときおり、金網の内と外にぼうぼうに生やしておいた草むらをくぐって、鳥小屋に迷いこんでいた。

ぼくにとって、マンブルは愛嬌のあるペットだ。かたや人生最後の二秒間にうっかり見あげてしまったネズミにとっては、言いようのない悪夢だ――空を背景にぬっとそびえ、稲妻のごとく迅速で、まるきり音をたてない。にらみつける大きな目。獲物の頭全体をすっぽりと、あるいは体のなかばまでぐるりとつかめる長い八本の爪。襲いかかったあとは、脚と胸の筋肉の力を爪の狭い部分に全集中させてぎゅっと締めつける。そうして、即座に爪で頭蓋を砕くか、嚙んで首の骨を折る。せめてもの慰めは、獲物がほぼ即死することだ。ひょっとして、彼らの最期の瞬間を目撃していたら、ぼくもべつの反応を示していただろうが、現実には、彼らの不運の証をぼくが目にするのは、つねに問題の行為が終わったあとだった（しかも、場合によっては、ネズミが入りこんだ唯一の形跡はやけに黒っぽい翌日のペリットだけ、ということもあった）。

当然ながら、マンブルが獲物をどのくらい仕留めたのか知るすべはない。ぼくが目にする前にしばしば証拠を隠滅していたにちがいないのだから。ときおり、春か夏の夜にロンドンから帰宅したあと挨拶をしに行くと、マンブルが奥の止まり木に、羽の生えた仏像よろしくうずくまっていた。どっしりと身じろぎひとつせず、胸の羽毛をぶわっと膨らませて、心ここにあらずといった表情で上向きに目を細め――なかば開いた嘴の端から小さな尾をだらんと垂らしている。あるとき、この〝野外〟食を呑みこむのにひどく苦労したらしく、なんと、かかとでぴょんぴょん飛びはねながら、喉の下へ送りこもうとしていた。ぼくは思わず大声で笑った。マンブルが少なくとも一度はフクロウの自然生活の充足感を味わえたことが、ただひたすらうれしかったのだ。

日記からの抜粋

七月二二日

けさ、ひと波乱あった。いったいどういう理由からか、一羽のツグミが鳥小屋の餌やり用の穴をくぐって入り、住人がだれなのか知って衝撃を受けた。集団で疑攻撃《モビング》するのと、すぐ近くで、しかもたった一羽で疑攻撃するのとでは、まるきり勝手がちがう。金切り声をあげてびゅんびゅん飛びまわる姿にマンブルはすっかり怯え、止まり木から止まり木へと羽ばたいてはこの哀れな生き物を避けていた。やむなく、ぼくはマンブルをバスケットに入れていったんキッチンへ運び、とって返して、このヒステリックなツグミを鳥小屋の外へ追い立てたあとで、またマンブルを連れ戻った。自殺願望のある愚か者が追放されると、マンブルはじつにもったいぶった態度をとり、この不幸なできごとについてはおくびにも出さなかった。

七月二九日

ものうい夏のお茶の時間を、デッキチェアで楽しんでいる。目の端で何かが動いたのでふり向くと、典型的な恐れ知らずの大きなハイイロリスが、芝生をぴょんぴょん近づいてきた。ときおり足を止めては、何やら食べている。それから、樫の木の近くで塀を駆けあがり、木の幹へ、さらにいちばん上の枝へとすばやく走った。マンブルは扉の前の止まり木で、身じろぎもせずに大きな目でそれを追っていた。ただし、深刻な事態を予期したときの、あの細長い〝ロメインレタス〟にはなっておらず、いつもの丸々とした体型のままだ。樫の幹にほど近い塀の上に、ネコのバスターがいた。リスを物欲しげに見あげていたものの、登って追いかける自信がなかったようだ。おそらく長年の経験から、木の上でリスを追っても無駄だと学んでいるのだろう。

二匹と一羽は、しばし活人画さながら静止していた。奇妙な光景だが、不思議でもなんでもない。マンブルはいまも、庭へ入りこんだ怪しいネコには反応を示すが、最近、バスターに対してはほぼ緊張を解いている。よく人間の弁護士同士が見せる職業上の慇懃さ、とでも言うべきか。

補食する、あるいは捕食される自然の不変周期《サイクル》に肉食動物が参加することを〝残酷〟と言うのは、どう考えてもばかげている（知るかぎり、意識的に残酷な行為ができる動物は人間しかいない）。だからといって、もがき苦しむ光景にぼくたちが動じないわけではない。個人的には、テレビ番組で野生生物を撮影したフィルムが編集され、オオカミが若トナカイを倒した瞬間に映像が終わるのをありがたく思っている。いかに自然の光景とはいえ、この哀れな生き物がついに絶命するまで延々と続く恐怖を、ぼくは眺めたくない。

マンブルの本性について幻想を抱いていなかったとはいえ、かなり経ってから真の姿をあらわにされることとなった。あるよく晴れた五月の土曜の午後、大きなモリバトが芝生で実ったばかりの種子を食べていた。ぼくが手を叩いて何度となく追い払っても、そのたびに戻ってくる。そしてついに、鳥小屋の天井の金網に着地するという致命的な過ちを犯した。マンブルは少し前まで、例のごとく巣箱のそばの奥まった場所で上部と横二面を蔦に覆い隠されてまどろんでいたが、いまやすっかり警戒態勢に入っていた。ハトが天井に身を落ち着けるなり、猛スピードで覆いから飛び出し、直下で宙返りをして、金網越しに両足で上向きに攻撃した。

爪の大半をハトの体に食いこませ、腹と腹を合わせる格好でぶらさがると、ゆるやかに羽ばたいて体を支えている。いずれの鳥も無言だったが、マンブルは興奮して嘴を開き、真紅色の血しぶきが足から顔にかけてみるみる散って、陽光にきらめきだした。二羽間の金網がひと思いに殺すのを邪魔し、マンブルのぎゅっと締められた爪がハトの脱出を邪魔している。へたをしたら、この膠着状態は午後じゅう続くだろう。そんな中世的な死を許すわけにはいかないので、空気銃の弾丸で首を撃ち抜いてハトを殺した。つかんだ足を離すよう説得するのに時間がかかったが、さすがのマンブルも疲れてずっとぶらさがってはいられず、ぼくはようやく死骸を鳥小屋に放り入れた。

マンブルは死骸にぱっと飛びつき、解体しようとしたが、うまくいかなかった。都市部のモリフクロウがドバトを捕まえることはあるが、このモリバトは田園地帯のモリフクロウが野生環境でふつうに狩る獲物より大きく、羽も硬い（遠距離から散弾銃でハトを撃つと、弾丸が翼でパラパラとはじき返されるほどなのだ）。マンブルはこんな大物を処理する訓練を受けていない。何度も上に立ち肉を食いちぎろうとするも、そのたびに嘴が表面を滑り、自分の体もずるりと落ちてしまう。最終的に、およそ二割ほどむしって食べたが、土曜日の午後には報われない作業だとあきらめたらしく、さほど選り好みをしない四つ脚の肉食動物のために、ぼくは死骸の残りを生け垣の下へ放りこんでおいた。

いまや、ほんとうに親密な関係は、のんびりした週末の朝にかぎられていた。ぼくたちはキッチンで二時間ほど、互いに羽づくろいなどをして一緒に過ごす時間を享受する。ぼくはこの時間がいつも楽しみだったし、ありがたいことに一年のうち大半は、五日間の隔たりのあとで数分もかからないうちに親密さを取り戻せた。平日のぼくたちは、働く時間帯が異なる多忙な夫婦よろしく、朝と夜に戸口ですれちがうときに顔を合わせるだけなのだ。

一九八二年一二月、この半別居の関係がとことん試されることとなった。懐が深い友人のアンガスとパトリシアの厚意に甘え、ぼくが一カ月ほど南アフリカのケープタウンで過ごすことになったのだ（当時、フォークランド紛争にともなう異常な過労状態のせいで体調がすぐれず、喜んで招待を受けた。職業編集者として、その症状のひとつをひけらかさずにはいられない。なんと、タイプライターのキーに血がつきはじめていたのだ……）。その一カ月は、青色にきらめくインド洋を望む丘の中腹で、ジャカランダノキやブーゲンビリアに囲まれて暖かい陽光を浴びながら、遅くまで惰眠をむさぼり、冷たいワインを楽しみ、長々ととりとめないおしゃべりに興じて、ぼんやりと心地よく過ごした。また、パブにも数回出かけたが、のちに長距離旅行者の多くが知っている店だと判明した――コーク・ベイの古い臨海鉄道駅にある〈ブラス・ベル〉だ。そして、これらビールとステーキとロックンロールの夕べを、何度か甥のグレアムとともに楽しんだ。彼ははるばるハンプシャーから喜望峰まで、過酷なバイクの旅をしてきたのだ。

その間《かん》、マンブルは一カ月まるまる外の鳥小屋で過ごし、餌については、親切な隣人たちがきちんと与えてくれていた。それも、餌やり用の穴からヒヨコを差し出したときに指をつつかれる危険がありながら（マンブルは心がはやって、郵便受けに郵便物が落ちるのを待てないのだ）。こんなふうに長期間離れて過ごしたら、永久に疎遠な関係に陥るかもしれないと怖かったが、マンブルは帰宅した姿を目にするなりだれだかわかり、ぼくが鳥小屋に入るとすぐさま肩に跳び乗ってきた。バスケットに入れるときも、キッチンで数時間自由に過ごしながら互いにまた関係を深めるあいだも、なんの問題もなかった。マンブルは部屋じゅう回って穴という穴に向かって鳴き、奥まった場所や隙間を再探検したあとは、食糧棚上部の止まり木に上機嫌でうずくまっていた。

一九八〇年代なかば、同僚のひとりと出版社を設立したのを機に、ぼくの職業人生はがらりと変わった。ぼくたちはまず軍事史専門誌を創刊し、のちに書籍の刊行点数を増やしていった——構えたオフィスは、ロンドンのチャイナタウン、ジェラード・ストリートに面した高層建物の屋根裏だ。経験者なら知ってのとおり、資金乏しき零細事業を立ちあげて実業界の荒波を越えていくのは、この世の何よりも恐ろしく、過酷なまでに労力を要する仕事だ（もちろん、本物の武器を扱う職業はべつだが）。責任が増えたせいで、ぼくの就労時間は長くなって緊張に満ち、ときおり長期に出張せざるをえなくなった——どうしても欠かせないが健康に悪い一〇月のフランクフルト・ブックフェアなどだ。

それでも、マンブルとぼくは週末の日課で互いを慈しみつづけた。とりわけ、夏の換羽期のあいだは。一年のほかの時期、なかでも求愛と巣作りを行なうべき冬の数カ月には、マンブルはよそよそしくなり、場合によっては〝ティーンエイジ〟の荒っぽい行動をしばし再現することもあった。後者の時期に入ったある夜、愚かにも赤ワインを飲み過ぎたぼくは、自分たちの絆にふと不安を覚えた。

星が冷え冷えと輝く静かな夜、ぼくはマンブルを屋内へ連れて入ろうと、バスケットを抱えて庭を歩いた。鳥小屋に入ったとき、マンブルはそっけなかったが、好戦的ではなかった。とっさに、ぼくは相手のほんとうの感情を試したいという、ばかげた衝動に駆られた（そう、自分でもわかっている——言い訳の余地はない。過去の経験から、この種の行動がうまくいかないことは百も承知なのだから）。ぼくは立ち止まり、バスケットの扉を開いて、肩に乗るよううながした。ぼくたちはおそらく一〇秒ほど向かいあって立ち、その間《かん》、マンブルはフクロウにとってはまちがいなく申し分ない夜景を見まわしていた。それから飛び立ち、ぼくの頭上およそ二メートルの高さにある古いプラムの木の枝に止まった。

マンブルはその枝にただ静かにうずくまっているようだったので、ぼくは胸をどきどきさせながらそっと立ち去って屋内へ入った。家の裏口の扉をあけたままにして。続く長い一、二分のあいだ、ぼくは何度も自分の愚かさをののしった。どうしてまた、何年も前のロンドンでの、あの恐ろしい夜と同じ状況にみずから陥ろうとしているのだ？　もし、隣の牧草地の草むらで抵抗しがたいかさこそという音が聞こえたら——あるいは、近くでべつのフクロウが呼んだら、どうなる？

そこへ、翼を打ちつける静かな音がして、マンブルがまっすぐ裏口をくぐってまたぼくの肩に飛んできた。まあ、そりゃそうだろう。寒い夜の夕食時だし、マンブルは愚かな鳥ではない。とはいえ、ぼくはふたたび頬に当たる羽毛の心地よい感触にほっとして、きっとマンブルは単なる飢えとはべつの理由から行動したのだと自分に言い聞かせた。

こんなふうに、サセックスでともに暮らす歳月はどんどん過ぎていき、いつしかぼくはめったに日記をつけなくなった。マンブルの村娘としての生活習慣がすっかり確立されて、換羽と季節的な感情変化の記録以外は、何か風変わりなことをしでかすか体験したとき（または、風変わりなものを食べたとき）にしか観察内容を書き留める必要性を感じなかったのだ。

うちの通りでは、マンブルはよく知られた存在で、すぐ近くの隣人たちはこれが田園生活であると再認識させてくれる鳴き声をときおり耳にするのは好きだと言ってくれた。何度か、地元の子どもたちが庭の塀や牧草地の生け垣越しに、マンブルをのぞこうとしているのを見かけた。ぼくは子どもたちに、親御さんに電話をかけてもらうよう話し、都合のいい日に彼らを招待して庭でしかるべくマンブルと引きあわせ、そのうえでモリフクロウに関する〝入門講義〟を施した。必ずしも彼ら全員が、ぼくみたいに田舎で育ったわけではない。最初の絶叫はきまって「ああああ！——なんて愛らしいんだろう！」で、最初の質問はきまって「何を食べるんですか？」だった（また、マンブルが定期的に水浴びを楽しんでいると聞いて、例外なく驚いた）。

こうした機会にぼくが鳥小屋に入ると、マンブルは安心感を求めてぼくの肩に飛んできて、いつもより力を込めて着地した。知らない人間がいると必ず動揺し、いつも瞬時に、いちばん近い金網に飛びかかって翼をばたつかせる。すると、彼らはたいてい飛びのく。ぼくはすかさず、マンブルがあくまでひとりの人間にしか懐かない鳥であることを強調する——それから、大きな茶色いセキセイインコではなく、いまだ野生の生き物である、ということも。子どもたちが解散したあと、翌日学校で相当な自慢話が飛び交う気はしたが、ぼくはたいして気にかけなかった。だが、おそらく、もっとちゃんとこの点を考えるべきだったのだ。

第10章

別れ

一九九三年二月、マンブルはもうじき一五歳の誕生日を迎えようとしていた。見た目も活発さも年を取った印象を受けず、行動も傍目にはここ数年変わっていない。飼育下における最長寿のモリフクロウは、二七歳という驚くべき高齢まで生きたし、マンブルがその記録を脅かす可能性はじゅうぶんある――なにしろ安全に保護され、餌もたっぷり与えられているのだ（ぼくはよく友人たちに、引退後の夢は塔のある家に住んで、その塔を書斎にすることだと語っていた。夜、歩いて畑から帰る農夫が、てっぺんにしか灯りがついていない暗い塔のそばを通るとき、肩にフクロウを乗せたひげだらけの人物――理想を言うなら、揺らめく緑色の炎を背景にした人物――の輪郭を目にして怯える、そんな想像をするのが好きだった。年を取れば、ぼくもおどろおどろしい雰囲気を身につけるかもしれない、と考えて）。

ノートの記録によれば、その年の二月五日に、前年の求愛期と同じくそわそわと落ち着かない兆候が見られた。一〇月以降の冬の数カ月間、マンブルはぼくとほとんどかかわりを持たずに過ごし、週末の愛撫も〝親密に過ごす再訓練〟を長々と経たあとでないと許してくれなかった。そして、ずっとごく穏やかだったが、その二月五日の夜、ぼくが鳥小屋に入っていくと、例の〝ホーホー鳴き顔面攻撃〟らしき行為を示した。六日の朝、夜用鳥かごの外に出したときもやはりホーホー鳴いて頭に飛んできた。ただし、腕に乗せておろしても、それに続く〝口笛鳴き戦勝踊り〟はしなかった。代わりに、ひじの湾曲部におとなしくうずくまり、ぼくが頭に鼻を押しつけるのをしばらく許したあとで、自分の止まり木へ飛んでいった。

約二週間後の二月二三日土曜日、朝、夜用鳥かごをあけると、マンブルがまっすぐ飛び出してぼくの頭に着地したが、腕を伸ばすとすぐにおとなしく乗ってきて、蹴りつけもしなかった。いつもどおり部屋を探検したあとで、トレイパーチで用を足し、伸びをして羽づくろいの基本を行なってから、うれしいことに本格的な羽づくろいをする気分になったようだ。ぼくの膝にうずくまり、鼻をこすりつけてくれと言わんばかりに頭を高く掲げた。

その後、ぼくが朝食をとっているあいだ、長いキッチンテーブルの反対の端を歩きまわり、未払いの請求書を蹴って木の葉さながら巻きあげていたが、やがてぼくの肩に乗りたくなったらしい。わずか一メートルほどの距離なのでひと跳び半すれば届くのに、わざわざ歩いてきた――〝本格的な英国式朝食〟の上をまっすぐ横切って。低い甘え声で鳴くと、目玉焼きまみれの足跡をバスローブに点々とつけて胸をよじ登り、ぼくの耳に満足げに寄り添った（「ああ、もう、ほんとにマンブルときたら……」）。

日記からの抜粋
一九九三年三月二五日
マンブルが昨夜、鳥小屋で死んだ。

星の輝く寒々とした夜だった。真夜中ごろ迎えに行ったが、マンブルは屋内に入りたがらなかったので、鳥小屋のなかで餌をやって好きなようにさせることにした。マンブルは嘴にヒヨコをくわえてしばらくうろつきながら、挑戦的ならっぱ鳴きをしていた。

朝、ロンドンに発つ前にようすを見に行くと、鳥小屋の扉が大きく開いていた。扉に南京錠はつけていなかったが（なんと考えなしの愚か者だったのだろう）、頑丈な留め金でしっかり固定してあったので、両手を使ってかなり力を入れないとあけられない。だから強風にしろ、どんな動物にしろ、この扉を開くことはできないはずだ。マンブルは鳥小屋内のどこにも見当たらず、ぼくはたちまち疑念を抱いた。どこかの動物権利団体が「今週は〝行動の週〟だ」とメディアに喧伝していたので、窃盗ではなく、世間知らずの感傷的な人間が犯人ではないかととっさに思ったのだ。前夜、ぼくは何も耳にしなかった。とはいえ、一九八七年のあの大嵐のときもずっと眠っていた人間だし、ぼくの寝室は家の表側に面している。もし、ぼく以外の人間が鳥小屋に入ろうとしたら、まちがいなくマンブルは暗闇から猛然と攻撃しただろう。どうか、侵入者が今後に役立つ教育的な恐怖を――さらには、頭皮に八つの深い切傷も――与えられていますように、とぼくは願った。

そうこうするうちに、このまま家にいたいのはやまやまだが、昼間に庭の木々や近くの牧草地でマンブルを探しても無意味だと悟った。おそらく可能なかぎり分厚い隠れ蓑にくるまって、日中ずっと眠っているだろう。それよりも、夜になって、マンブルのほうから呼びかけるか姿を現すよう戸外でうながしたほうがいい。そこで、ぼくは仕事に出かけた。だが集中できず、午後早めにロンドンを発った。鳥小屋を隅から隅まで捜索したのは、帰宅してからだ。もちろん、その朝も巣箱の周辺は捜したが、地面から膝丈まで絡みあうようにうっそうと茂った草むらをかき分けてはみなかった。

そして、そこでマンブルを見つけた。顔を下向きに、翼と尾を広げた格好で、ラッパズイセンの茂みの真んなかにほぼ隠れるように横たわっていた。体にはなんの傷跡もなく、周辺の花もまるきり乱されていない――これもまた、動物ではなく人間の侵入者があった証拠だ。あらゆる証拠から、マンブルは羽ばたいている最中に心臓発作で即死したものと推測された（猛禽類の成鳥の場合、高たんぱく質の食事のせいで、つねにその危険性がある）。知らない人間が鳥小屋に入ってきたら、マンブルは怒りと興奮で狂ったように飛びまわったはずで、そのせいで小さな心臓の鼓動が瞬時に止まった可能性はじゅうぶんある。

ぼくはマンブルを拾いあげて屋内に運び入れた。頭をだらんと垂らしたふわふわの体を自分の顔に押し当てたとき、不覚にも喉がふさがれて目がちくちく痛んだ。

その後数日間、ぼくは自分のフクロウをどうすべきか悩んだ。当初は亡骸を冷凍庫に保存して、検死解剖ができる獣医を探そうと考えたが、やっても無意味だろう——どう見ても、病気か暴力が原因で死んだとは思えないのだから。何年も前にぼんやりと、マンブルが死んだら剝製にしてはどうかと思案したこともあるが、いまや考えただけでぞっとした。そんなことをして、何が残るというのだ。生命のない人形——マンブルが持っていたあらゆる特質の模倣であり、自分が失ったものをつねに思い知らされてしまう。単純に死骸を捨てるなど思いもよらないし、埋葬もしたくはない——鳥の身なら、冷たくて重たい土にどんな思い入れがあるというのか？

最終的に、アメリカ先住民シャイアン族の葬儀を行なうことにした。葉が生い茂った高い枝の分岐点に、丘と大空を見あげる格好で亡骸を乗せてやったのだ。ノートの記述を見ると、どういうわけか、最後の瞬間にふと胸を突かれ、野の花でまわりをくるんでやったようだ。終わりにもう一度やわらかい羽毛をなでてから、蔦で体を覆って隠し、その場に残してきた。帰宅するころには、ただ喉がふさがれているだけではなく、むせび泣いていた。その日以前には、自分が声をあげて泣くだなんて信じられなかったし、その日以降、一度もそんなまねをしたことはない。

博学な旧友がかつて、ぼくたち人間と動物とのかかわりを次のように考えていると話してくれた。人類は〝垂直の魂〟を持ち、実存のありとあらゆるレベルに接することができる——動物的な食欲の充足から、遠い銀河の知的探索や芸術的創造性の高みにいたるまであらゆる段階に触れ、さらに（わが友アンガスは肉体の死のあとも意識が存続すると信じているので）その後も上へ上へと飛翔を続けていく。かたや動物は〝水平の魂〟を持つ。ぼくたち人間はけっして人生のすべてを彼らのレベルで行なうことはできないし、彼らの態様すべてに気づいて反応することもできない――ところが、動物の魂は高みへ進むことができない。

古代の民間神話の多くが、〝ぼくたち人間が森に住み、動物と話すことができていた〟時代について言及している。人類の小集団のいくつか――たとえば、オーストラリアのアボリジニの人々など――は、意識の垂直軸と水平軸が交差する場所に住むとはどういうことかをいまなお垣間見せてくれ、少なくともある程度までは両方の意識を理解できる。アンガスの主張によれば、人類の大半はこの水平の意識を喪失したせいで不健康になったのであり、ゆえに、ほかの生き物に少しでも接して彼らの行動を統べる基本的な態様に触れれば、精神的、感情的な健康がもたらされるという。ぼくは彼の説すべてに共感するわけではないが、この点に関しては直感的に同意していたし、野生の生物と身近に暮らした経験によって大いに信念が強まった。

子どものころからネコもイヌも好きだったとはいえ、マンブルと暮らす前は、動物に対する自分の感情について考えを巡らせたことはなかった。一緒に暮らした歳月のなかで、マンブルの存在はぼくの人生を豊かにしてくれた。自分本位になりすぎるのを防ぎ、それまでとうてい可能とは思えなかったほど日常の喜びを増やしてくれた。もし、こんなにまで時間が経ったあとに、ぼくのマンブルに対する感情を大ざっぱに分析するなら、まずは人生そのものに対する自分の考えから始めなくてはならない（どうか身構えないでほしい――ぼくは曲がりなりにもイギリス人男性だから、手短にすませるつもりだ）。

おそらくイギリスに住む同年代人の大部分はそうだろうが、ぼくは英国国教会で育ちながら、思春期に遠ざかってしまった。教えを実践していないばかりか、信じてすらいないキリスト教徒だ。にもかかわらず、ぼくの心に〝神が宿るべき穴〟があるのは否定できないし、自分が死後の生を信じることができないのを残念に思う。ただ単に、信じられる人がその信仰から心の慰めと強さを得ていることがうらやましいのではない。

もちろん、それも理由のひとつだが、ぼくが信仰のない自分を残念に思うのは、何ひとつ完全には消滅せずにほかの形態に変わるだけという宇宙では、人間の個性ほど複雑なものがあっさりと消えてその容れ物も腐葉土か灰と化すよりも、無駄の少ない終焉が用意されているはずだからだ。ぼくたちの大半は、人生を現実に即して理解し、その限界に折りあいをつけられるまでに（それが可能なら、の話だが）、およそ七〇年の歳月を要する。なのに、ようやくもたらされた成果が利用されずに廃棄され、その容れ物たる肉体も物質生活の動力燃料として再利用されるだけ、という状況は、少しばかり浪費が過ぎるのではないだろうか。

キリスト教の信者は、動物について明らかに混乱した考えを抱いている。保守派の主張は、動物はぼくたち人間とちがって魂を持たず、ゆえに、ぼくたちが最後の審判と来世をめざして精神の旅をするあいだの従属的な道連れとして与えられているにすぎない、というものだ――当の動物たちにしてみれば、不幸な目に遭うことが多い役割だ（とはいえ、信仰心の厚いキリスト教徒のなかにも、動物のいない天国は天国らしくないので、動物も天国に行けると明言する人がいる）。あなたがどのような〝造物主〟を信じていようが――それが知的な創造主であれ、化学的な偶然であれ――論理的には、意識のある生命体はすべて同じ初期事象の産物であり、したがって生物はみんなひとつに結ばれている。ぼくたちはともにこの世を旅する。なのに、その旅路が物理的な死の瞬間に分離する——すなわち、道の一本は肉体が朽ち果てて腐葉土と化すだけの世界へ通じ、もう一本はより高次の世界へ通じている——と主張するのは、あまりにも手前勝手に思える。自己を過大評価する卑しい精神がこしらえた独善的な思考めいているし、創造行為に対するぼくの感覚にそぐわない。

マンブルとぼくはどう考えても、同じ過程によって作られ、同じ基本的欲求に支配されたひとつの連続体に属する温血動物であり、当然ながら、両者ともに腐葉土への道をまっしぐらに進んでいるか、ともに次なる旅が待ち受けているか、どちらかであるはずだ。マンブルがいなければ、いかなる世界であれ、ぼくはだんじて属したくない。そして、もし——その可能性は大だが——共通の宿命が忘却であるなら、その旅においてことのほか魅力的な道連れを予想外に得られたことを心から感謝する。

ぼくと旅をともにすることについて、モリフクロウはいったいどんなふうに感じていたのだろう。周知のとおり、動物がいかなる次元の〝意識〟と〝感情〟を持てるのか、という問題そのものが、乱戦気味の論争の場となっている。行動主義者、動物行動学者、神経生物学者のさまざまな学派が、それぞれ正統と唱える説を有するのだ（ぼくとしては、それらを〝イデオロギー〟と呼びたい衝動に駆られる）。〝本能〟や〝感情〟といった単語の定義ですら意見の統一がままならないので、彼らの問いに共通する概念構成もないように見える。ぼくはといえば、科学的な基礎知識を何ひとつ持たない。したがって、常識に照らして自分の観察結果を判断するほかない。

鳥はもちろんだが、同じほ乳動物でもべつの種になったら〝どんな感じがするか〟は、どうやっても知ることができない。動物に自分たちと同じ感情を投影したくなるのは人情だが、ぼくはこの擬人的な観点にあくまで抵抗する。当然、どんな動物についてであれ〝愛情〟という単語はけっして使用しない――愛情はそれほど軽々しいものではないはずだ。マンブルのクルミ大の脳の少なくとも半分は、目の前の光景と音を処理するすばらしい装置として機能し、ごく未熟なものをのぞいてなんらかの感情を抱いたり抽象的思考を行なったりする余地があるとは思えない。

しかし――ぼくにとっては大きな〝しかし〟だが――マンブルとぼくはたしかにある種の個人的な関係を享受していたし、マンブルの側は、単なる空腹感ではなく仲間意識に基づく関係であることをはっきりと示していた。モリフクロウは協同する群居性の種ではないが、それでも長期的なつがいの絆を結ぶ。数多くの観察記録において確認されたつがいの行動は、無味乾燥な科学では〝ストレスホルモンの水準を減らす強化行動〟としか認められないが、ふつうの人間は、一緒にいて触れあうことへの愛情深い喜びと表現する。

マンブルは成長するにつれて、ぼくとほかの人間をはっきりと区別するようになった。他人がそばにくると、猛然と攻撃して共同の縄張りを守ろうとした。かたやぼくに対しては、自発的にそばに来ることが多かったし、ぼくに触ってくれと求め、触ってやると見るからに気持ちよさそうな反応を示した。一緒にいるときに何かに驚くと、とっさにぼくのところへ来て、気持ちが落ち着くまで離れなかった。しじゅうぼくの肩でまどろみ、動物が与えうる最大の賛辞を与えてくれた――すなわち、信頼を。伴侶か雛に行なうような羽づくろいをよくしてくれたし、ときにはぼくに餌を食べさせようとすらした。

どう合理的な説明をつけようと、ぼくたちの関係は個人的なものだ。こうした絆を、ぼくはあとにも先にも、ほかのどんな動物とも結んだことがない。これ以上ぼくたちの関係を分析するつもりはないし、いかにすばらしい感覚だったか記憶しているのが、ただひたすらうれしい。これほど歳月が経ってもなお、ときおりマンブルが夢に現れることがある。そしてそのたびに、ぼくの心に深い慈しみの念がどっと湧きおこるのだ。

謝辞

ディック、アヴリル、グレアムに感謝する。また、トム・リーヴズは写真面での力添えを、ジェイン・ペンローズは貴重な助言の数々を、クリスタ・フックはすばらしい挿絵を提供してくれた。心からありがとうを述べたい。そしてわがエージェント、シール・ランド・アソシエイツのイアン・ドルリーに対しては、この不案内な森でぼくが必ず道を見つけられると信じてくれたことに、深く感謝する。

訳者あとがき

フクロウを自宅でペットとして飼う――いまでこそ、研究者ではない一般の個人による飼育事例が書籍やネット等でちらほら見かけられますし、フクロウやタカなどの猛禽類と触れあえる、いわば〝猫カフェの猛禽類版〟も、この数年で各地に次々と開店しています。

とはいえ、本書“The Owl Who Liked Sitting on Caesar”（邦題『マンブル、ぼくの肩が好きなフクロウ』）〟の著者は、なんと一九七八年という早い時期に、郊外の一軒家ではなく繁華街に近いロンドン南部のマンション七階で、仕事にはなんら関係なくただ純粋に〝一緒に暮らしたいから〟という理由だけでモリフクロウを飼いはじめました。

このモリフクロウという鳥は、写真やイラストをご覧になればわかるように、日本で一般的にフクロウと呼ばれているウラルフクロウ（学名 *Strix uralensis Pallas*）を小柄にして、目を大きく広げたような外観です。鳥なのに人間に似た直立姿勢をとり、全体的に丸っこくて、見るからにふわっふわ。ぬいぐるみを思わせる愛らしさで、（本書中にもあるとおり）羽ばたき音で獲物を警戒させないためにほぼ無音で飛行するよう羽がやわらくできているので、触ったときのもふもふ感たるや、見かけから想像する以上に心地がいいのです。著者はそんなモリフクロウのマンブルから、ふんわりした頭に鼻先をうずめてほしいと催促されていたわけで、なんともうらやましい話ではないでしょうか。

けれども、フクロウは基本的に夜行性で、（鳥類一般に言えることですが）糞尿のしつけは不可能。完全な肉食なので餌の入手も楽ではなく、著者もマンブルの前にコキンメフクロウのウェリントンを迎えたとき四苦八苦します。純粋なペットとして飼いやすい鳥とは、けっして言えません。著者にとってかけがえのないフクロウとなるマンブルの場合も、迎えた当初は思わぬことの連続で、日常生活が確立されるまでのハプニングや苦労がユーモアを交えて本書で紹介されています。また、著者は数年後に庭つきの田舎家に引っ越しますが、そこでの生活を安定させるにあたっても、さまざまな試行錯誤を経ることになります。

著者のマーティン・ウィンドロウ（Martin Windrow）は、軍事史の研究家。王立歴史協会の会員にして軍事専門の書籍や雑誌の編集者を長らく務め、何百冊という本の刊行に携わって、みずからの著作も十数冊あります。いわば硬派中の硬派といった印象で、一五年間もモリフクロウと暮らし、そのかわいらしさを愛でてきた人物像とはなかなか重なりません。事実、初対面の人はそのギャップに驚いたらしく、「さりげなくあとずさった」り、「あれこれ質問を投げかけてきた」りします。そして何度も〝なぜフクロウと暮らすのか〟と問われることにうんざりした著者は、うっかり人間の女性になぞらえて厭味な説明をするのですが、そのくだりには思わずにやりとさせられます。

軍事史を専門とする著者だけあって、モリフクロウの特性を説明するために戦車や戦闘機を持ち出しているのもユニークです。マンブルの強靭な爪から来客を守るために軍用ヘルメットを支給したり、マンブルに餌を与えすぎて肥満を引き起こすと、このままでは〝効率的な夜間戦闘機〟ではなく〝過積載のボーイング747〟になってしまうと心配したり。また、探究心豊かな編集者であるがゆえに、本書はただマンブルとの交流を描写するのではなく、フクロウをテーマにした古生物学、動物学、社会学的見地からのちょっとした講釈と、モリフクロウの生態や体の造りや行動周期についての説明を一章おきに配置する構成にしてあります。あくまで楽しくかわいらしいエピソードを期待して読んでいると、このあたりはちょっと退屈に感じられるかもしれません。それでも、著者がフクロウ関連の文献と実物のマンブルを見くらべて話しかけるようすも垣間見えて（「おやおや、知らなかった！　きみには、目に映るよりもはるかにたくさんの魅力があるんだね」）、ふっと笑みがこぼれてきます。

本書のもうひとつの特徴は、マンブルをあくまでモリフクロウと認識し、その行動を人間の視点から解釈しないよう気をつけている点です。ペットとして一緒に暮らしていれば、つい擬人化したくなるのが人情というもの。けれども著者は、マンブルのさまざまな行動をモリフクロウの習性に照らして考察し、たとえば、車で移動中に著者の肩によじ登って頭に寄り添ってくるのは、〝日中は自然の摂理で何かの横にうずくまるようにできているから〟だと冷静に説明しています。マンブルがべたべた甘えてくる状態についても同様で、ウェリントンを飼い馴らせなかった失敗に懲りたからか、もともとそういう性分なのか、〝お腹が空いているから〟〝換羽で体調が完全とは思えない期間が長々と続くので慰めが欲しかったから〟などと理由をつけているのです。

このように（少なくとも著者のほうは）抑制的でありながら、互いに心から慈しみあっているようすが随所にうかがえるからこそ、悲しい別れと、それを経たあとの描写には強く胸を打たれます。愛情ということばの使用をためらい、淡々とした口調を保ちつつも、マンブルとの関係が自分たちだけの特別なものだったことを切々と述べるくだりには、思わず涙を誘われ、静かな感動を覚えざるをえません。マンブルのモリフクロウとしての属性を最大限に尊重しつつ親密な関係を結べた著者は、このうえない幸せ者と言えるでしょう。

最後に、もう一点。鳥をペットとして囚われの身にすることには議論がありますし、著者もときおり、もしマンブルが野生下にあったら、と自分に問いかけています。かくいう訳者も、満一一歳になるセキセイインコをかわいがるいっぽうで、ずっと家のなかに閉じこめていることに一抹の罪悪感を抱いてもいます。とはいえ、この子を野に放ったらすぐに死んでしまうでしょう。また、マンブルの死をもたらしたのも〝とにかく野生下がいちばん〟とする考えかただった可能性があります。たぶんこの問いは、人間が鳥にかぎらずほかの生物をペットにしてその自由を奪う以上はつねにつきまとうもので、どこまで突き詰めても明確な答えが得られないのかもしれません。しかし、著者がそうであったように、折に触れて真摯に考えていくべきではないでしょうか。

二〇一四年八月

宇丹貴代実

参考文献、ウェブサイト

書籍および雑誌の記事

Tim Birkhead, *Bird Sense: What It's Like to Be a Bird* (Bloomsbury, 2012)（『鳥たちの驚異的な感覚世界』ティム・バークヘッド著、沼尻由起子訳、河出書房新社、2013年）

John A. Burton, *Owls of the World: Their Evolution, Structure and Ecology* (Peter Lowe, 1973)

Michael Everett, *A Natural History of Owls* (Hamlyn, 1977)

G. J. M. Hirons, 'The effects of territorial behaviour on the stability and dispersion of Tawny owl (*Strix aluco*) populations', in *Journal of Zoology,* Vol. 1, No. 1 (August 1985), pp. 21–48

Eric Hosking and Dr Jim Flegg, *Eric Hosking's Owls* (Pelham Books, 1982)

Graham Martin, *Birds by Night* (Poyzer, 1990)

H. N. Southern, 'Natural control of a population of tawny owls', in *Journal of Zoology,* Vol. 162, No. 2 (October 1970), pp. 197–285

H. N. Southern, R. Vaughan and R. C. Muir, 'The Behaviour of Young Tawny Owls after Fledging', in *Bird Study,* 1 : 3 (1954), pp. 101–110

John Sparks and Tony Soper, *Owls* (David & Charles, 1970)

Paul Thomas, 'Getting Wise', in *Radio Times* (BBC, 22–28 January 1983)

A. A. Wardhaugh, *Owls of Britain and Europe* (Blandford Press, 1983)

ウェブサイト

http://www.owlpages.com/articles.php

http://www.owls.org/

http://www.davidnorman.org.uk/MRG/index.htm

http://www.javierblasco.arrakis.es/indexE.htm

http://www.exoticpetvet.net/avian/anatomy.html

http://www.raptorfoundation.org.uk/

宇丹貴代実（うたん・きよみ）
1963生まれ。上智大学卒業。英米文学翻訳家。訳書にシュローサー『おいしいハンバーガーのこわい話』（草思社）、トルツ『ぼくを創るすべての要素のほんの一部』（武田ランダムハウスジャパン）、バリー『視覚はよみがえる』（筑摩選書）、コリンガム『戦争と飢餓』（共訳、河出書房新社）、シェーンヴァルド『未来の食卓』（講談社）ほか多数。

マンブル、ぼくの肩《かた》が好《す》きなフクロウ

2014年10月20日　初版印刷
2014年10月30日　初版発行

著　者　マーティン・ウィンドロウ
挿　画　クリスタ・フック
訳　者　宇丹貴代実
装幀者　岩崎寿文
発行者　小野寺優
発行所　株式会社 河出書房新社
東京都渋谷区千駄ヶ谷2-32-2
電話（03）3404-1201［営業］（03）3404-8611［編集］
http://www.kawade.co.jp/
印刷所　株式会社亨有堂印刷所
製本所　小髙製本工業株式会社
Printed in Japan
ISBN978-4-309-25305-3

マールのドア
大自然で暮らしたぼくと犬

テッド・ケラソテ
古草秀子訳

「あんたは犬を欲しがっている。それはボクだ」。アウトドアを愛する著者の元に迷い込んできた、黄金色の犬マール。一人と一頭の一四年にわたる大自然暮らしを描く。解説――野田知佑

動物と分かちあう人生

エリザベス・オリバー
三村美智子訳

九〇年に発足し、日本を代表する動物保護団体となったアークの創始者がその個人史、そしてアークの活動、阪神、さらに三・一一大震災での奮闘を描く。すべての動物を愛する人たちへ。

ナノ・スケール　生物の世界

リチャード・ジョーンズ
梶山あゆみ訳

単細胞生物の繊毛から、アリの触角、ヤモリの脚の裏、ナメクジの舌、サメの皮膚まで、驚くほど繊細な「見たことのない身近な世界」が、フルカラーで彩色された電子顕微鏡写真で迫る！

進化地図

S・J・グールド監修
R・オズボーン／M・J・ベントン
小畠郁生日本語版監修
池田比佐子訳

生物はいかにしてこれほどの驚くべき多様性をもつまでに進化し、世界中いたるところに広まったのか？　徹底的に地図で読むというかつてない視点でダイナミックな進化を読み解く名著！

6 Nov 2013
advance £2,634—00